2050年の地球を予測する

科学でわかる環境の未来

伊勢武史 Ise Takeshi

JN042480

★――ちくまプリマー新書
393

目次 ＊ Contents

まえがき

環境破壊が理由で地球は滅亡する？

学校の授業でもテレビでもインターネットのニュースでも、「地球環境があぶない！」みたいなことをよく聞く。そして、環境破壊を止めようとして多くの人たちががんばっている。僕ら研究者もそうだし、エコバッグを使ったり部屋の電気をこまめに消したりしているみなさんもそうだろう。そんなとき、「じゃあ環境問題をぜんぶほったらかしにした最悪の場合、**地球はどうなるんだろう？**」という素朴な疑問が生じるのは自然なことかもしれない。

環境問題で地球が滅亡するのだろうか。これについては、まず、滅亡の定義を考えなければならない。滅亡が、天体としての地球が滅亡する（地球が爆発する？ 真っ二つに割れる？　太陽系外に飛んでいく？）という意味ならば、大丈夫。人間がどんなに地球上で無茶をしようとも、地球は大丈夫だ。地表面が環境破壊でどうなったとしても、宇宙空間から見た地球は何も変わらず自転し、太陽の周りを公転し続けるだろう。いつの日か太陽系が消滅するまで。

それでは、人類が滅亡するという意味ではどうだろう？　その可能性はゼロではないけれど、あまり高くはないと思う。人間は適応能力に優れた生物。気候変動で地球が高温化し、いろんなもので汚染されたとしても、なんとか生きていくことはできるはず。もちろん、環境問題のせいで快適な暮らしができなくなったり、地球が養うことのできる人口が減少したりという悪影響はじゅうぶんに考えられるけれど。

となると、文明や文化が滅亡するというのはどうだろう。人間は絶滅しないものの、現代文明が滅亡する可能性はそれなりにあるかもしれない。というか、考え方を変えると、現代文明の少なくとも一部分は滅亡しなくてはならないのである。それは、現代文明は持続可能じゃないから。たとえば、化石燃料をガンガン燃やして暖房した家のなかで、真冬にTシャツで過ごしてアイスクリームを食べてみたりとか、大排気量の巨大な車にひとりで乗車して毎日通勤するとか。こういうたぐいの人間の行動は滅亡するかもしれない。むしろ滅亡しないといけないとさえ思う。

最後に、地球が「楽しい星」としては滅亡すると考えるとどうだろう。わざとあいまいな「楽しい」という表現をしてみた。地球で暮らす楽しさは人それぞれだけれど、思いつくものを挙げてみると、その土地の個性と歴史があって、自然の生態系があって、そこに適応した動物や植物が生きている場所であること。きれいな空気と水、食べものが手に入って安心して暮らせる場所であること。地球は、このように僕らが「ずっとここで暮らしたいな」と思うような場所であり続けられるだろうか。

かなり大げさになるけれど、もし地球上からパンダとペンギンが絶滅したら、僕にとっての地球は、楽しい星としての価値は大きく減少してしまうことだろう。毎日生きてごはんを食べることはできたとしても、パンダとペンギンのいない星で食べるごはんは少しだけパサパサに感じるかもしれない……!?

パンダとペンギンを偏愛する僕のことはほっとくとしても、みんなそれぞれ「地球のよいところ」を感じていることだろう。その地球のよいところがなくなると、僕らの体は生きていても、こころはとても寂しいものになるかもしれない。そういう意味では、地球が住人にとって「楽しい星」でなくなる可能性はあり得るのだ。たとえば、四季の変化にもとづく日本での暮らしの楽しみがなくなるかもしれない。地球温暖化の影響で冬がなま暖かくなって雪が消えるかもしれない。きれいな桜も紅葉も見られなくなるかもしれない。

こんなかんじで、環境破壊は何か大事なものを僕らから奪い去る可能性がある。そして環境破壊を引き起こしているのは僕ら人間だから、みんなが環境についてしっかり考える必要があると思う。

では二〇五〇年は?

二〇五〇年。今世紀の折り返し点である。二〇五〇年をこの本のタイトルに入れたのには理由がある。環境問題については、何十年も先のこと、ときには一〇〇年も二〇〇年も先のことを予期して考えることが重要だけど、あまりに先のこととなると研究者にとっても壮大すぎて、現実味のある予測や提言ができない心配もある。そう考えると、執筆時（二〇二一年）は四九歳である僕がギリギリ寿命がまだ尽きていないかもしれないから、二〇五〇年をターゲットにするのはおもしろい気がする。二〇五〇年はけっこう先のことのように思われるが、運が良ければ僕はけっこうな確率でそのときまで生きている。そして、この本に書いたことが大きく間違っているなら、読者のみなさんのお叱りを甘んじて受けることが可能になる。

これが二一〇〇年になると、僕はもちろん寿命が尽きているだろう。この本の若い読者のみなさんでさえも、そうかもしれない。このように考えると、二〇五〇年というのは僕らがギリギリ「自分ごと」として、ある程度の責任を持って語れる未来なんじゃないかと思うのである。

このころには、現在中高生のみなさんが僕の年齢くらいになり、バリバリ社会を動かしていることだろう。そんなみなさんには、しっかりと環境問題に関する知識を持ったうえで、状況を俯瞰《ふかん》して考えながら行動してほしいと思う。そのときにふと、この本のことなど思い出してくれたりしたら、著者冥利に尽きるといえよう。

この本はいちおう、中高生のみなさんをターゲットとして書いている。しかし、「大きなお友だち」である大人のみなさんにもぜひ読んでほしいと思う。環境科学を学ぶのに遅すぎるということはない。そして学んだ内容はなんらかのかたちで、自分の行動に反映されることがあるだろう。スーパーで食材を買うときでも、自家用車を買うときでも（できれば車は所有しないという判断をする人もいるかもしれない）。そして、選挙で主権者として意思表示するときでも。環境問題を起こしているのは、元をたどればわれわれ一般市民（環境にわるい政策や商品が存在するとしたら、それを選択しているのは僕らなのだ）。だからこそ、環境科学を現代人の必修科目としてお勧めするのである。

第一章　環境問題について思う

人間は愚かで罪深い⁉

なぜ環境問題は起こるのだろう。その理由について、「人間は愚かでわるいから、自然を破壊する。文明は悪である。地球は泣いている」なんて考え方をする人は多い。環境問題を真剣に考える人は、まじめでピュアで、問題を何とかしようという気概にあふれている。それは素晴らしいことではあるけれど、短絡的に結論を出したり、感情論だけで突っ走るのではなく、落ち着いて環境問題について考えてみてほしい。そのためにこの本がお役に立てるならうれしい。

人間が自然破壊をする「悪」なのだとしたら、じゃあ自然を守るためには人間は絶滅するしかないよね。でも死ぬのはいやだなあ、となる。すると結局、なるようになれと思うままに生きて、自然が破壊されても気にしないようにするしかないという結論に至る人もいる。人間は自然破壊をする罪深い存在として生まれついてしまったのだから、その運命を淡々と受け入れるしかない。こんなふうに無責任かつ自暴自棄な結論に至る人もいる。まじめにものごとを深く考える人でもこんなふうに思うことがあるようで、たいへんやっかいだ。しかし、こんな考え方では自然は守れないし、環境は悪化する一方である。ここでは、共有地の悲劇というたとえ話を使って、そもそもなぜ人間は環境問題を引き起こしてしまうのか、人間の本質に起因するそのメカニズムを考えることにしよう。

共有地の悲劇の寓話

これは、とある農村での話である。この村の住民はそれぞれ、自宅でウシを飼っていた。ウシたちは、村共有の牧草地で放牧され、草を食《は》んで暮らしていた。村人は、ウシの乳をしぼったり、ときにウシを市場に売ったりしてくらしの足しにしていたのである。

こういう状況がながく続き、村人たちの生活は安定していたのだが、ある日、知恵のはたらく村人が、自分の飼うウシの数を増やすことにしたのである。子ウシを何頭も買ってきて共有地で放牧し、大きくなったら売りさばく。こうしてこの村人は成功し、財をなしたのである。

これを見ていたほかの村人たちも「よし、おれもウシの数を増やそう」と思い立ち、その結果村の共有地で放牧されるウシの数が激増するに至った。しかし、共有地の面積にはかぎりがあり、そこで育つ牧草の量にもかぎりがある。やがて牧草は食べつくされ、ウシたちはみんな飢え死にしてしまった。結局村人たちはみなお金を損して、不幸になってしまった。これが共有地の悲劇という寓話《ぐうわ》である（ギャレット・ハーディンという有名な環境科学者の著作に登場するお話だ）。

共有地の悲劇の寓話が興味深いのは、人間が環境問題を引き起こすメカニズムの核心をついているからだ。この物語の登場人物は、けっしてバカではない。それどころか、みんな毎日を精いっぱいに生き、なんとかして自分や家族のくらしをゆたかにしようと知恵をしぼり工夫をこらしているのだ。彼らはバカじゃないから、ウシの数が増えすぎたらやがて牧草が食べつくされて悲劇が起こることも予期している。しかしそれでも、彼らはウシの数を減らさない。どうせ自分が減らしたって、ほかの村人がどんどんウシの数を増やすのが目に見えているからだ。将来はこのゲームの参加者全員が敗者になることが分かっていても、いまこの瞬間、お金を稼ぐのをやめられないのである。こういう現象は、寓話の世界だけじゃなく、現実に起こっている。たとえば現代の日本でも。

最近、ニホンウナギが絶滅危惧種に指定された。日本人が土用の丑《うし》の日などに好んで食べるウナギだけど、近年では数が極端に減って、絶滅危惧種になってしまったのである。その原因はいろいろあるんだけど、最大の原因は「獲りすぎ」である。食用のウナギといえば養殖モノが主流だけど、ウナギの完全養殖はまだまだ実験段階だ。飼育下のウナギにタマゴを産ませてふ化させて、稚魚を成魚になるまで育てるのを完全養殖というが、それはとてもむずかしいことなのだ。じゃあどうやってウナギの養殖をしている

共有地の悲劇（共有資源問題）

共有地での牛の放牧

牧草が枯渇

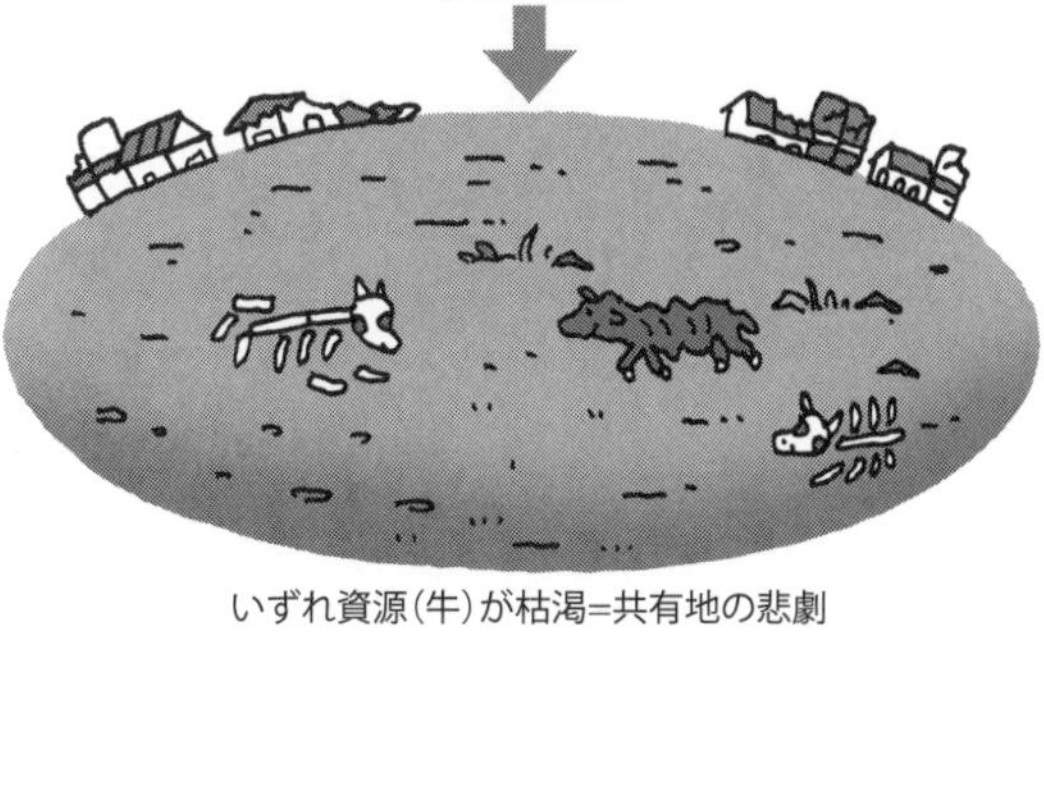

いずれ資源（牛）が枯渇=共有地の悲劇

かというと、海で自然にふ化してあるていどのサイズまで成長したウナギの稚魚（シラスウナギ）が海から川にもどってくるところをつかまえて、養殖池に投入して大きくなるまで飼育するのだ。これがウナギの養殖の実態である。

このシラスウナギ漁は、たいへん儲《もう》かる仕事である。まっくらな夜中、集魚灯のあかりにおびき寄せられるウナギの稚魚を網ですくう。これだけで一晩に数十万円もの儲けになることもあるらしい。なんせ、シラスウナギは俗に「白いダイヤ」と呼ばれるくらいで、この漁はお金の儲かる仕事。そして夜陰に乗じてやる仕事だけに、正式の許可を得ていない密漁者が後を絶たない。こうして日本じゅうでシラスウナギの乱獲が行われ、ウナギが激減するに至ったのである。

僕は四国の生まれ。僕が幼かったころ、町内にはいくつもウナギの養殖池があった。池のウナギたちに空気を送るための電動の水車がバシャバシャと派手な水しぶきをまき散らしているのが風物詩であり、夏になると駅前には屋台が出て、安くてうまいウナギのかばやきが売りさばかれていたものだ。

町を流れる川では、シラスウナギ漁がとてもさかんだった。シーズンになると、川の下流部のあちこちに、集魚灯をともした小舟がたくさん浮かんでいた。どこかに出かけた帰り道、その光景をみかけた小学生の僕は父親に「あれは何をやってるの?」と聞いたんだけど、そのとき彼は言葉を濁した。今になって、父親の気持ちが分かる気がする。シラスウナギ漁をやっている人には、正式な許可を受けた漁業者もいれば密漁者もいるというのが現状だったのだ。

「シラスウナギ」でネット検索すると、いまも密漁者が後を絶たないことがわかるだろう。近年ウナギが減少するにしたがって価格が高騰し、僕ら庶民はおいそれと味わうことがむずかしくなってきた。しかしそれは、シラスウナギ一匹あたりの価格が高騰することを意味するから、密漁者が密漁を続けるモチベーションは依然として高い。現に、日本で流通するシラスウナギの五割から七割が密漁によるものという推定もあるのだ。

https://sdgs.yahoo.co.jp/originals/63.html

このように、公共の場所である河川で、誰の所有物でもないウナギの稚魚を獲るという行為には、人間がエゴをむき出しにして、たとえ将来絶滅しようが後先《あとさき》考えず今だけの利益のために行動するよう仕向けるメカニズムが存在している。密漁者たちも当然、シラスウナギが年々減少していることを自分の身をもって痛感しているだろう。それでも、自然環境保全のために密漁をやめるかといえば、そうではない。自分ひとりがやめても、ほかの誰かが採ってしまい、結局は破滅に向かうからだ。どうせウナギ産業が破滅するのなら、いまのうちに少しでもお金を稼いでおこう。こういう考え方こそが、共有地の悲劇を生んでいる。

読者のみなさんは気づいたことだろう。共有地の悲劇が生じるのは、収奪される対象物が公共の場所にあり、誰かの所有物ではない場合である。公共物と私有物の違いはたいへん重要で、この違いが共有地の悲劇の発生を決定づけている。ひとつ例を考えてみよう。現代の日本において、肉牛は私有物である。野良犬みたいな野良牛がそのへんを歩いてて、誰の持ち物でもない、なんてことはあり得ない。そして、ウナギと異なり肉牛の繁殖法は確立されている（飼育下で子ウシを産ませて成長させることが可能だ）。つまり肉牛は、完全に私有物として管理されているのである。

ここで、もし松阪牛のステーキを食べることが空前絶後の大ブームになって、肉が高く売れるようになったらどうなるか考えてみよう。松阪牛の生産者組合は「いまだけ儲かればいい」と考えてすべての牛を出荷してしまうだろうか。そうなると、松阪牛は絶滅し、血統が途絶えてしまう。もう松阪牛でお金を儲けることはできない。だからそんなバカなことは絶対にしないのである。

そう、いくら松阪牛がブームになって高く売れるからといって、親となる牛たちまでみんな出荷して食べちゃう、なんてことはない。牧畜業者のみなさんは後先考えて、種ウシと母ウシに繁殖させて子ウシを産ませるから、松阪牛ブームがどんなに盛り上がっても松阪牛が絶滅することはない。むしろ、お金を儲けようと松阪牛の飼育をはじめる牧場が増加することで、ウシの個体数は増えることだろう。シラスウナギに起こっている悲劇との決定的な違いをわかってもらえただろうか。

僕ら人間は、私有物の場合は後先考えながら大事にあつかうが、共有物は粗末にあつかう。こういう人間の性《さが》が出るのが共有地の悲劇なのである。「いやいや、僕ら日本人の大半には良心というものがあって、共有物だからといって無茶はしない。むしろ共有物こそ大切にするように教わっている」なんて反論もあるかもしれない。それはそのとおりである。良識ある人びとは、共有地の悲劇を避けるために自制心をはたらかせることが可能なのだ。しかし、ほんのひと握りの人たちが、密漁などの無茶をすることによって、社会や自然環境に深刻な被害がおよんでしまう。これが共有地の「悲劇」と呼ばれるゆえんだ。一部の欲望に忠実な人たちの行動が環境問題を生み出してしまうのである。

さらに言おう。僕ら日本人の大半はシラスウナギの密漁をしない。ならばウナギの激減問題に潔白かというと、そうでもないのである。ウナギを食べるのは僕ら多くの日本人。僕ら日本人がお金を払ってウナギを食べるから密漁が存在するのである。僕らがウナギを食べることが問題の原因であり、僕らは間接的にウナギの激減に手を貸していると言えてしまうのだ。

共有地の悲劇を避けるにはどうすればよいか。ひとつの方法は、すべてを私有物にすることだ。しかしこれ、現実には不可能なことも多々ある。完全養殖が実用化できていないウナギもそう。日本列島から遠く離れたフィリピン近海の深い海で産卵するウナギを完全に私有物にすることは不可能だ。後述するが、世界人類の共有物である大気で発生している地球温暖化も共有地の悲劇の典型例だ。

共有地の悲劇を避けるもうひとつの方法は、ルールづくりである。ひと握りの無法者が無茶をしないように、社会でルールをつくって、それをみんなが守るように監視し、違反者にはしかるべき措置を講じる。これによって共有地の悲劇を避けることは、理論上は可能である。現に、環境を破壊する行為はこれまで、国内の法律や国際的な条約によって規制されてきて、一定の成果をあげている。ただしこのような規制は万能とは程遠く、多くの問題やほころびが露呈している。早いもん勝ち、獲ったもん勝ちという考え方は世界に蔓延《まんえん》していて、アマゾンの熱帯雨林の違法伐採とか、貴重な野生動物の密猟とか、世界中で枚挙のいとまがないほど共有地の悲劇の実例が存在している。

人間は環境問題を解決できる？

よく、人間も生物の一種であるから、人間が起こす環境問題も自然現象である。だから止める必要はないし、止められない。人間は本能という名の欲望に沿ってあるがままに振舞えばよいし、いつか人間が絶滅するならそれも自然現象だから仕方ない、なんていう人がいる。この考え方を受け入れてしまうと、環境保全などを考えるのは無意味になってしまう。なのでこの本の最初の章で、この話を扱うことにした。

人間はもともと利己的に振舞うものだ。これは否定のしようがない。人類の祖先は数百万年前に生まれて、それからずっと、つい一万年前くらいまでは、狩猟採集で食べものを得る原始時代（旧石器時代）のくらしを送っていた。農耕や牧畜がはじまる前の原始時代のくらしはたいへんきびしく、人類の人口はとても少なかった。彼らは小さなグループをつくり広大な土地で食べものを探していたから、人口密度はとても低かったのである。

太古のむかしに思いを馳《は》せてみよう。人口密度が極端に低い時代の彼らにとって、地球のサイズは無限と考えても問題がなかった。どんなにがんばっても地球の資源を使いつくすことはできなかったのである。だから、ひたすらできる限りの資源の収奪を行うことが、彼らにとってベストな戦略だったのだ。原始時代のこのような環境では、現代のような環境問題は生じない。原始人がごみを捨てたところで、それは広大な土地や水や大気ですぐに薄められてしまう。だから現代のような公害は発生しなかったのだ。だから原始人には、環境意識はなかなか生まれなかったことだろう。

やがて農耕や牧畜が始まった。すると食料が安定して供給されるようになり、人口密度が増加する。それと同時に人びとは定住生活をするようになる。人間のライフスタイルがこのように変わっていくと、原始時代のように後先考えずに資源を使い切ってしまうと困ることが増えてきた。人口が増えてテクノロジーが進歩するにしたがって、資源を使いつくすというのが現実問題になってきたのである。こうして人びとは次第に、持続可能な利用というコンセプトを身に着け、社会のルールや道徳に組み込んで、現代にいたる。しかし、人間はつい一万年くらい前までは旧石器時代を生きていた。人間はそんなに急に変わることはできないので、現代人の遺伝子も原始時代の記憶を引きずっている。だから容易に共有地の悲劇を引き起こす。これは人がもって生まれた性なのである。人間がみんな利他的になったらいいよね、みたいなのは夢物語である。人間の善意や自己犠牲に頼りきりの環境保全は成立しない。

生物学者である僕は、生物としての人間が持つ性をいやというほどわかっている。人間も動物も等しく、生存と繁殖のためのきびしいたたかいを今日まで続けている。そのために、冷徹で合理的な行動を取ることが求められているのだ。それでもなお、人間は環境問題を解決できると信じている。考えてみれば、人間は後先を考えて、未来の幸せのためにいまがまんすることができる生物である。これが、人間とその他の生物の大きなちがいだ。人類が農耕や牧畜を「発明」したのはこのような性質を持っていたから。ひと握りの小麦や一匹の子ヒツジを手に入れたとき、それらを食べてしまえばすぐに満腹になるし、手間もかからない。しかし人類は、がまんしてそれらを食べずに育てることの意味を知った。苦労して世話をして育てることで、将来、より多くの食べものが得られるのである。これは、未来の幸福のためにいまがまんできる理性という人間の特徴が生み出したものである。

だから、僕ら人類は環境問題を解決できる可能性を持っていると思う。いま、ある程度がまんすることで将来僕らや僕らの子孫たちが幸せになれるのなら、そういう選択ができる動物なのだ。環境問題はたいへん深刻だし、共有地の悲劇を生み出す人間の性から逃れることもできない。それでもなお、希望を捨てずに解決を目指すべきだ。これが**楽観的悲観主義者**のマインドである。

地球温暖化と共有地の悲劇

地球温暖化に関するパリ協定では、産業革命前からの気温上昇を二℃以内に抑えること、さらには、できれば一・五℃以内にするために努力することが決められた。一・五℃以内に抑えるためには、二〇五〇年ごろまでに二酸化炭素排出量を正味ゼロにしなくてはならない。

さて、「正味」というのはどういうことだろう。個人にしても、企業にしても、国家にしても、現代社会に存在している以上、ある場面では化石燃料を使ったり、森林伐採の結果生み出された製品を使ったりすることもある。これ自体を、厳密にゼロにするのはむずかしいことだ。しかし僕らは、「環境によいこと」も実行できる。たとえば熱帯雨林に植林するなど。そうすれば、熱帯雨林で樹木が成長し、大気中の二酸化炭素を吸収してくれる。あるときは、化石燃料を使ってしまう。しかし別の場面では、熱帯雨林に植林するための寄付をする。こうすれば、プラスとマイナスを合計したときの二酸化炭素排出量をゼロにすることが可能なのだ。これが「正味」という意味合いである。ちなみに、正味の二酸化炭素排出量がゼロになったとき、つまり排出量と吸収量が釣り合ってゼロになったときを、「カーボンニュートラル」と呼ぶ。

二〇五〇年までにこれを実現するのはたいへんなことだけれど、そうしなければ二℃以上の温暖化を引き起こしてしまう。そのレベルの温暖化は、人間にも自然にも大きな影響、不可逆的な影響を与えてしまう。経済的にきびしい昨今の世の中、みんなが環境を保護するための余裕を持ってるわけじゃない。温暖化対策を行うことは経済的な痛みを伴う。しかし、いま温暖化対策をサボると、将来の人間はもっと苦しむかもしれない。苦しみが避けられないなら、いつ苦しむのか？　いまの苦しみと将来の苦しみ、どっちがよりつらい？　僕らが直面しているのは、こういう究極の選択なのだ。

「将来のために、いま苦しみを耐えよう」と考える人は存在する。その人はまじめで立派な人だ。しかし、「将来どうなってもいいからいま楽なほうがいい」と考える人もいる。このように対照的な二者が社会に存在するとき、どうなるだろう？　真面目グループのがんばりに、不真面目グループがただ乗りすることになってしまう。それではあまりに不公平だから、真面目グループもそのがんばりをやめてしまうことになる。これもまた「共有地の悲劇」の一種だ。だからこそ、不真面目な人のただ乗りを許さないように、みんなが合意するルールが必要になる。それがパリ協定のような国際的な約束ごとなのである。

環境問題についての強い決意を持って、進んでカーボンニュートラルを目指そうとする人や、企業や、国がある。さらにすばらしいこととして、「リソースポジティブ」を標榜《ひょうぼう》する企業もある。企業全体の二酸化炭素排出量と吸収量を合わせたときに、吸収量のほうが上回るような活動をするわけだ。それはたいへん困難なことだけど、成功すれば環境先進企業としての宣伝効果は莫大である。このような企業が模範となって、環境についての産業界の雰囲気を引っ張っていってほしいものである。

第二章　公害について――環境科学の基礎知識Ⅰ

　中学や高校の授業で、環境問題について学ぶことがあるだろう。しかしそれらは断片的なもので、環境問題を総合的に勉強する機会は少ないように思う。環境問題は理科の教科書でも社会の教科書でも取り扱われているが、まるまる一冊が環境問題を扱っている教科書に触れる機会は、大学で専門科目を履修しないかぎり、なかなかないはず。テレビなどでも環境問題が取り扱われることは多いが、それもまた断片的だ。そんなわけで、これまで環境問題に関する断片には触れてきて、環境問題がとても深刻であることはなんとなく理解しているが、その全体像はなんだかモヤっとしている人は多いことだろう。そんな読者のみなさん向けに、この本ではこれまで学んできた断片をつなぎ合わせることを試みてみようと思う。

　環境問題は、学校の科目でいうと理科で取り扱われることが多い。確かにそれは妥当なことで、環境科学を理解するためには、理科つまり自然科学の知識が必須である。温暖化が発生するメカニズム、絶滅の危機に瀕《ひん》している生物の生態、これらを理解するための知識のベースは理科である。このように、問題となっている現象を理解するには自然科学が必要だけど、その現象を解決するには、社会科学、たとえば政治学・法学・経済学など社会科に分類される学問が必要になる。そう、環境問題の理解と解決には、理系と文系両方の知識が必要になるのだ。このような学問を、**学際科学**という。もし読者のみなさんがこれから進学するのなら、理系・文系を考えるときに、そのどちらかだけでなく、両方を使うのが必要な学際的な分野があることを覚えておいてほしい。

たとえば、二一世紀最大の環境問題といわれる地球温暖化に関する知見や政策を取りまとめる国際連合の機関に「気候変動に関する政府間パネル（ＩＰＣＣ）」があるが、これは学際的な機関だ。ＩＰＣＣの第一作業部会は主に理系の研究を取りまとめる。第二・第三作業部会は、社会科学の知見を加えて温暖化の影響や対策を考えるのである。それらを国際連合が統合して、国際会議での議論のベースとし、条約へと発展させているのである。

ＩＰＣＣは国際的な政策決定のための機関だ。しかし政治も、しっかりとした科学をベースに社会を動かさなければならない。そのためには、理系の研究を**エビデンス**として取りまとめ、個人的な思い込みとか情緒に訴えるだけのポエムじゃなくて、客観的で定量的な情報を調べ理解したうえで政策を決定しなければならない。環境問題は「おおごと」である。その解決のために天文学的なお金が動く。だからこそ、けっしてあいまいな理屈にもとづいて行動してはいけないのである。しっかりと自然科学をベースとしたエビデンスを積み上げることが必要だ。そしてそれに基づいて社会を動かしていくため、社会科学の知見を総動員することになるのだ。

大気や海の汚染

第一章では共有地の悲劇を学んだ。地球上に存在する究極かつ最大の共有地は、大気や海だろう。大気や海は、「流体」であることが特徴だ。大気中の流れは風であり、海洋中の流れは海流である。これと比較して、陸地には流れはない。いや、とても長い目で見れば大陸も動いているのだけど（プレートテクトニクスという）、本書で僕らが考えている環境問題を考える上では、陸地は止まっていると考えて差し支えない。今後数百年のうちに大陸が大きく移動して環境問題に変化をおよぼす、なんてことは考えにくいからだ。

さて、流体である大気や海の汚染が、大きな問題になっている。流体である大気や海にごみを捨てても、やがて見えなくなったり、薄まったりしていく。だから大気や海を汚すのは平気、なんて感覚の人がいるのも分かる気がする。たとえば、お百姓さんが自分の畑にプラスチックごみを捨てると、それはずっとそこに存在する。その人が片づけるまで、何年でもそこに残っている。このように、物体がその場にとどまり続けるので、目に見える陸上の環境問題は比較的わかりやすい。一方、海に捨てられたプラスチックごみは、やがてどこかへ流れて行ったり沈んだりして、目につかなくなる。ひとりでに

あっ！
しまった、どうしよう・・・
プカ
プカ
流されて見えなくなった
まあいいか

場所を移動するので、想像力をはたらかせないと、それが環境問題を引き起こしていることに気づきにくい。

このように、流体は自然にかき混ぜられるため、環境汚染物質が見えなくなったり薄まったりするのが大気や海の特徴。だけど、ごみの許容範囲をこえると、それは取り返しのつかない大問題になる。さらに、大気や海は共有物で、国境に関係なく流れていく。日本の海岸が東アジアから漂着するごみで汚染されているように、流体の汚染は広範囲に影響をおよぼす。一方で、陸地の汚染は局地的なものだから、局地的に解決可能なことも多い。

共有地の悲劇というコンセプトで思い知ったように、人間は残念ながら、共有物をぞんざいにあつかってしまう性《さが》を持っている。その性は、シラスウナギの乱獲のような、資源の取りすぎにまつわる現象として表れることが多い。それと同時に、経済活動の結果生じた「ごみ」の行き先に関係するものもある。後者が公害の問題である。産業活動をすると、その結果ごみが生じる。といっても、産業革命以前の人間活動は、それほど規模が大きくなくて、排出されるごみの量も少なく、人間が使っている素材も天然由来のものだから、深刻で長引く被害をおよぼすことは比較的少なかった。

しかし産業革命は、大量に有毒な「ごみ」を出すことになった。日本で悪名高い公害病は、水俣病・イタイイタイ病・新潟水俣病・四日市ぜんそく。これらはみな、産業革命がもたらした工業化の結果排出された物質が、人間の健康に被害をおよぼした例である。そして、流体である水や大気の汚染が原因となっている。排出された有害なごみは、水質汚染や大気汚染を招く。大気・海洋・河川という場所は公共の場所であるが、そこに自由にごみを放出してよいという考え方が、このような公害問題を招いてきた。

公害は社会問題となり、多くの市民に影響を与えた。市民たちの思いは紆余曲折《うよきょくせつ》を経て法律などのルールに反映されることになり、現在では、ただちに健康被害を出すほどの有害なごみが環境中に放出されることは減った。完全にゼロにはなっていないものの、大きく減ったのである。状況はほかの先進国でも似ていて、二〇世紀なかごろとくらべて、大気や水の汚染はだんだん低下してきている。今後は発展途上国でも、しっかりとした対策が行われることが大事だろう。

公害のグローバル化

このように、ただちに人間に健康被害をおよぼすような公害は、その深刻さが認識され、それを軽減するための実効性のある対策がおこなわれつつある。よかった、これで公害問題の解決のめどは立った、なんて思う人もいるかもしれない。しかしそれは、いささか早計である。実は、タイプの違う深刻な公害に、引き続き人類は直面しているのである。

近年の公害の特徴は、長期化とグローバル化である。ひとむかし前の公害のように、汚染された地域限定で人々に健康被害がおよぶようなものではない。たとえばフロンガスの排出。フロンガスは人間にとって無味・無臭・無毒であり、大気中に排出されても、その地域の人びとの健康に影響を及ぼすことはない。しかしフロンガスが徐々に大気中

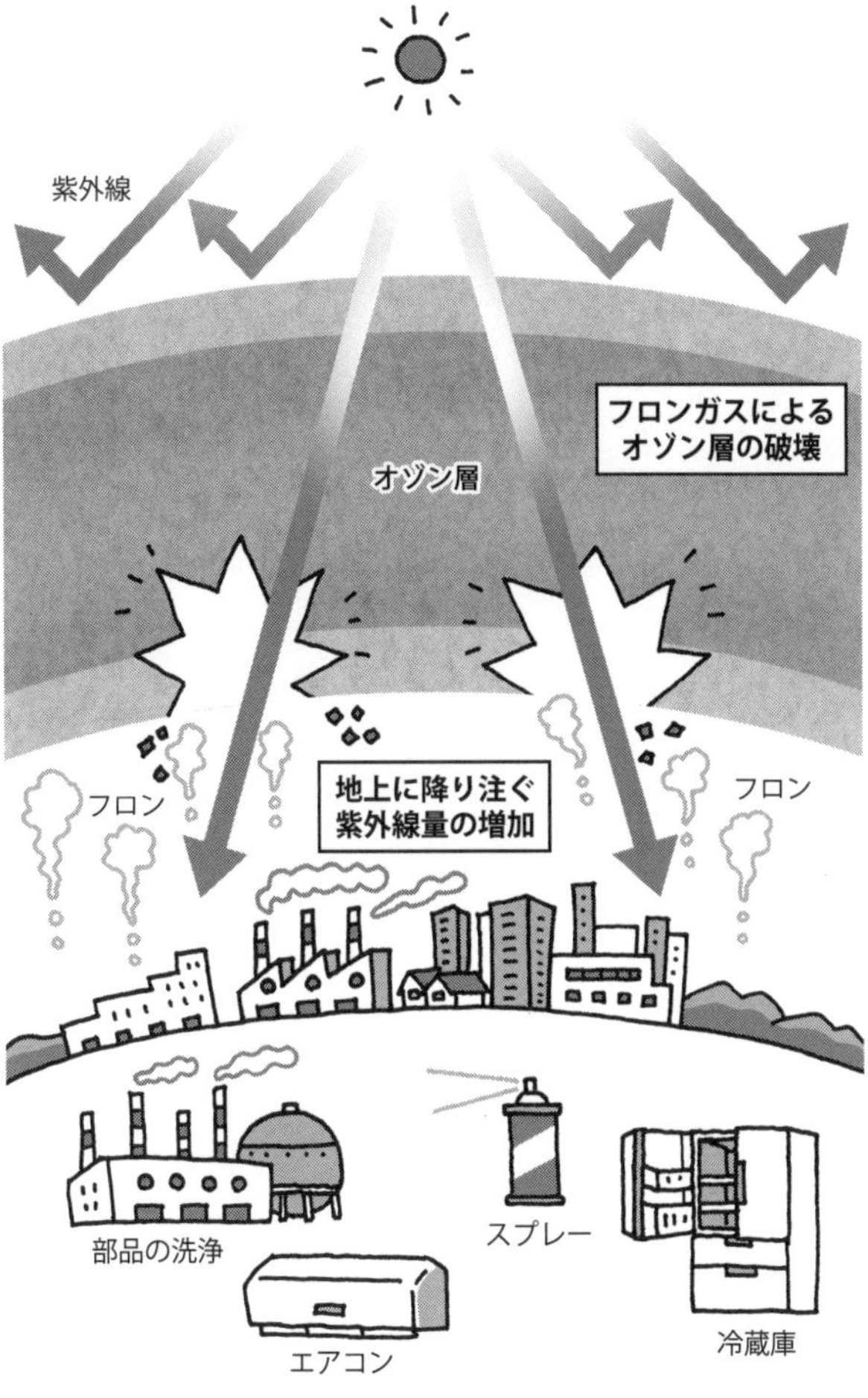
紫外線
フロンガスによる
オゾン層の破壊
オゾン層
地上に降り注ぐ
紫外線量の増加
フロン
フロン
部品の洗浄
スプレー
エアコン
冷蔵庫

に蓄積されてくると、上空でオゾン層を破壊することにつながる。オゾン層は有害な紫外線をブロックする効果を持つのだが、フロンガスのせいでオゾン層が破壊されると、僕らは有害な紫外線にさらされることになる。その結果、皮膚がんなどの健康被害が生じるのである。この公害も、結局はめぐりめぐって人類に健康被害を生じさせるのだが、フロンガスの発生源と健康被害の発生場所に地理的なかかわりがないところが特徴である。この公害は局地的ではない。世界じゅうの人たちが出したフロンガスが大気中で混ざりあってオゾン層を破壊するのだから、「自分の国だけフロンガスを出さない」なんて規制では効果が期待できない。世界じゅうで話し合ってフロンガスを規制する必要がある。これが新しいタイプの、グローバル化した公害だ。

酸性雨の問題も、広域に影響を及ぼす。工場の排気ガスをしっかり処理しないと大気中に窒素酸化物・硫黄酸化物が排出され、それが溶け込んだ雨は酸性が強くなり、植物などへ悪影響を及ぼす。酸性雨を引き起こす大気中の汚染物質は長距離を移動するため、国境を越えて風下の国の環境を悪化させるなんてことも多々あるのだ。自国の排出基準

酸性雨の仕組み

酸性雨
H_2SO_4
硫酸
SOx
硫酸酸化物
酸化
HNO_3
硝酸
NOx
窒素酸化物
森林の被害
建造物への影響
土壌への影響
湖沼の酸化
湖沼（河川）と水生生物への影響

をいくら厳格にしても、となりの国からどんどん汚染物質が流れ込んでくるようでは手に負えない。これもグローバルな視点が必要となる環境問題だ。

新しいタイプの公害の例としては、海洋のプラスチック汚染も深刻だ。プラスチック製品は、安価・清潔・軽量で、僕らの生活の質を向上させてくれている。たとえば、ペットボトルの水があるから、僕らは世界を旅するときも、おなかをこわさずに安心して水が飲めるのである。このように、プラスチックは僕らの生活を便利にし、健康の増進に貢献してきた。しかしプラスチックは非常に安定した物質で、捨てられると非常に長い時間、分解されずに残り続ける。僕らがつい出来ごころで捨てたプラスチックは、やがて川をくだり、海に出て、そこで長期間ただよい続けるのだ。特に、ごみ処理の設備やルールが整っていない国や地域が「加害者」になりやすい。彼らがなにげなく道端に捨てたペットボトルが、世界の海を汚すことになる。

しかし、僕ら日本などの先進国では、自国内でごみ処理を行うことをいやがり（第三

2021年8月、和歌山県南部の砂浜にて。日本人が出したごみに交じって、黒潮に乗って漂着した外国からのごみも多く見つかる

章で学ぶ「NIMBY」という傾向だ）、プラスチックなどの資源ごみを「輸出する」という名目で発展途上国に処理してもらうことがある。ごみをそのまま海に捨てるよりはましなのだが、発展途上国の環境に負担をかけていることは覚えておきたい。

プラスチック製品は、日光や風雨にさらされて次第にボロボロの破片になるが、この現象は環境汚染の被害をさらに拡大させることになる。プラスチックの破片はマイクロプラスチックと呼ばれ、水中をただよう。これらをエサとまちがえて食べる魚の胃袋が、プラスチック破片でいっぱいになっていることも。そんな魚を食べる僕ら人間にも、なんらかの影響が及ぶのではないかと懸念されている。これも、めぐりめぐって間接的に人間に影響を及ぼすタイプの公害問題であり、誰かがごみを出すと世界じゅうに影響がおよぶという意味でも新しいタイプの公害である。

最後の例は地球温暖化だ。温暖化の最大の原因は二酸化炭素。産業化された現代社会を支えるのは石炭・石油・天然ガスなどの化石燃料であり、これらの燃料を燃やすと二

温暖化の仕組み

温室効果ガスが適度な場合

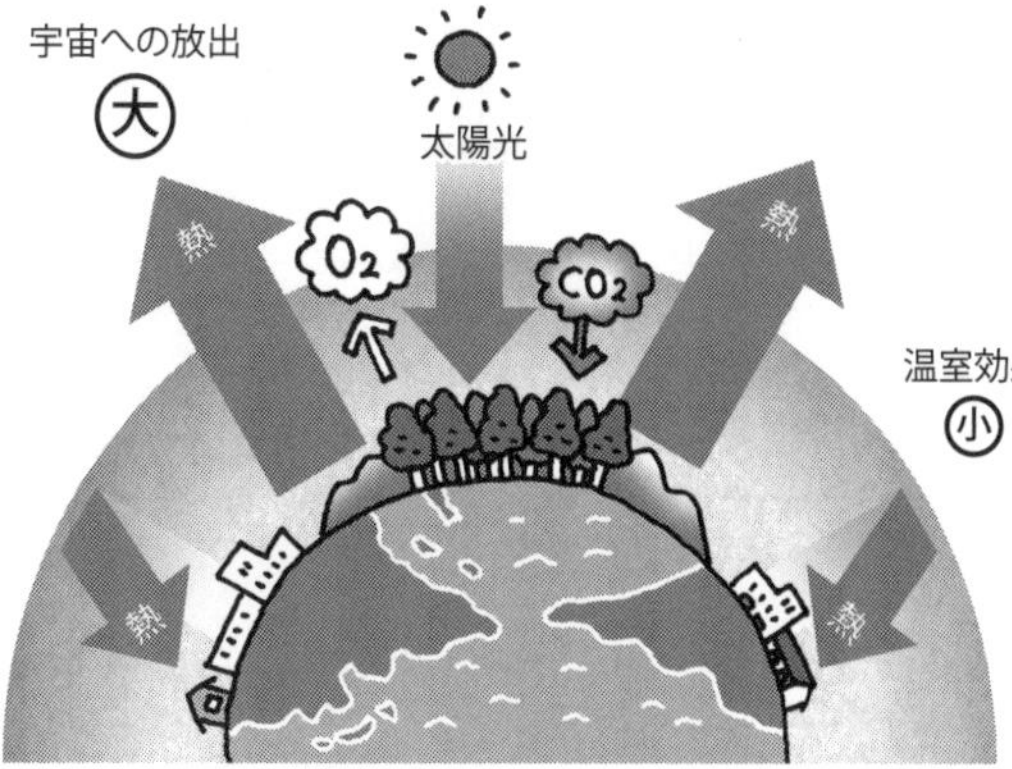

温室効果ガスが濃い場合

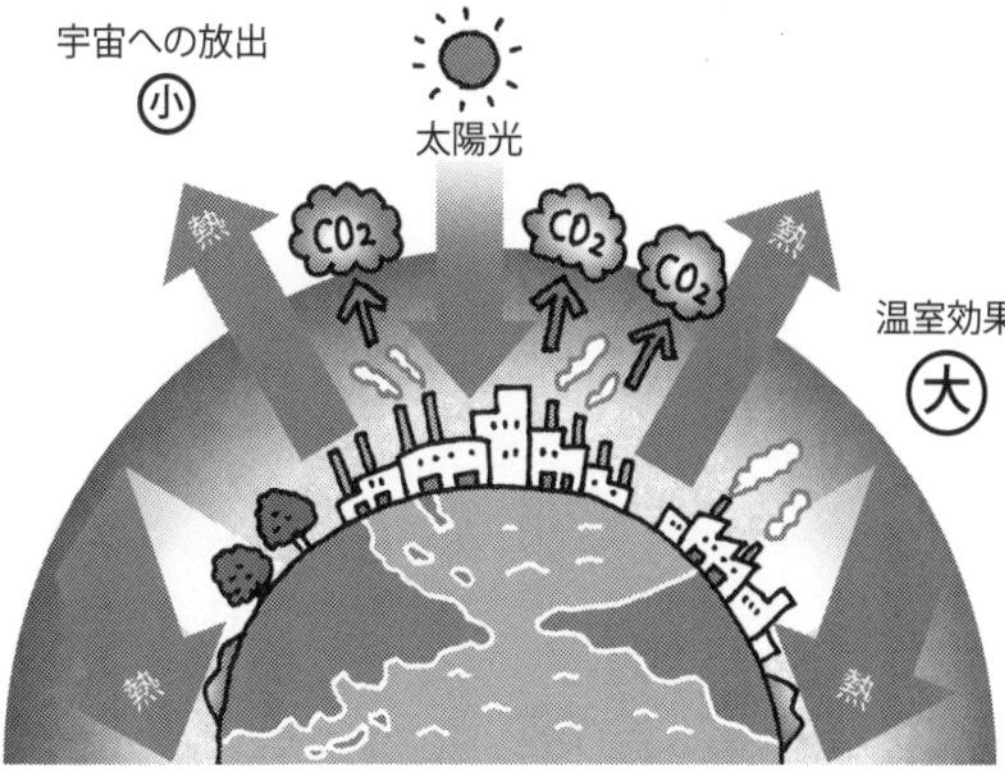

酸化炭素が生み出される。二酸化炭素は、人体に無味・無臭・無毒の気体であり、排出されるとすぐに大気と混ざりあってわからなくなる。プラスチックごみであるペットボトルやレジ袋は目に見えるものだから、誰かが捨てたら人目につくかもしれないし、捨てる本人が良心の呵責《かしやく》を感じることもあろう。しかし二酸化炭素はまったく目に見えないごみだからやっかいである。ふつうに自動車を運転しても二酸化炭素は生じるが、どのくらいの二酸化炭素を排出しているか日ごろから意識している人はあまりいないことだろう。人間は目に見えないものには無頓着なのである。

世界じゅうの人びとが出した二酸化炭素は大気中で混ざりあい、地球の気温を上げる効果を持つ。これが地球温暖化である。地球温暖化が生じると、世界の気候は変化し、台風が激しくなったり熱中症が増えたり、熱帯域の伝染病や害虫が分布を広げたりする。こうしてその影響は世界人類におよぶ。特に、ツバルのような島国は世界規模で見ると二酸化炭素をほとんど排出していないのに、巨大な工業国が排出した二酸化炭素のせいで、海面上昇の危険にさらされ、水没による国家の消失まで心配されるようになってしまった。このように、地球温暖化も間接的に大きな被害を生む公害であり、その影響はグローバルである。たくさん二酸化炭素を排出した人が特に大きな被害をうけるとはかぎらない。逆に、ツバルのように「とばっちり」を受けてしまう国や地域が多々ある。これは、世界規模の平等や公正の問題でもある。地球温暖化については、のちほど第四章でくわしく考えることにしよう。

静かに広がる生物的な汚染

ここまで、いろいろな公害や汚染について考えてきたが、違ったタイプの汚染についても考えてみよう。それには生物が関係している。外来種の生物が引き起こす問題について耳にしたことがあるかもしれない。そのむかし日本に移入され、定着して繁殖して、在来の生物を脅かしている生物が引き起こす問題だ。有名なものではブラックバス（ラージマウスバスとスモールマウスバスの双方をふくむ）やブルーギル、ミシシッピアカミミガメなど淡水の池や川に生きる動物たち。彼らは在来の生物を食べつくしたりすることでたいへん悪名高い。

このように、不用意に外来の生物を持ち込むことは、ある意味で「汚染」の一種であると言える。強い毒性を持った物質を水に投入すると、そこにいる生物がみな影響を受けてしまう。これと同様に、ある種の外来の生物をその場所に投入すると、生物や生態系に強い影響が及んでしまうのである。さらにやっかいなことに、外からやってきた生物は、環境条件が合えば勝手にどんどん繁殖して増えていくのである。これが化学的汚染と生物的汚染の違いだ。どんなに有害な化学物質でも、自然界で勝手に増殖することはない。しかし生物はそれをやってしまう。自然界で繁殖して増えることが生物の性《さが》であるから当然といえば当然なのだが、これが引き起こす環境問題が深刻であることは肝に銘じておかなければならない。

外国から生物を持ち込まないようにしよう。このように言うことは簡単だが、現実はそうはいかなかったりする。外来の生物が持ち込まれるパターンは主に二つある。僕はそれにネーミングをしていて、ひとつは「よかれと思って」、もうひとつは「気づかな

ブラックバス。正式名称はラージマウスバス。北米大陸から持ち込まれた淡水魚。釣りの対象魚として日本全国の川・湖・池などに放流され繁殖している ©Cybister ／ PIXTA

ブルーギル。おなじく北米大陸から持ち込まれた淡水魚。ブラックバスと違って、釣りの対象としての人気はあまりない。アメリカではよく食用として利用されるが、日本での食用利用はあまり進んでいない ©feathercollector ／ PIXTA

いうちに」と呼んでいる。「よかれと思って」は、日本のためになるという純粋で単純な気持ちから、外国の生物を持ち込むことである。たとえば、ブラックバスやブルーギル、ウシガエル（ショクヨウガエル）やアメリカザリガニは、原産地では人間の食料として利用されている。ならばこれを日本に持ち込むことで、日本人の食卓が豊かになるのではないか。このような理由で過去に持ち込まれた外来生物である。しかし現実には、食用としては日本であまり人気が出ることはなく、代わりに強い繁殖力で日本じゅうにはびこってしまったのである。

沖縄や奄美《あまみ》大島では、マングースが猛毒のハブを駆除する目的で持ち込まれた。たしかにマングースは、キングコブラなどの猛毒のヘビと対決すれば、ヘビを倒すことが可能である。しかしマングースは小型肉食獣で、ヘビ以外にいろんな獲物を食べる。毒ヘビはマングースにとっても手ごわい相手だから、選択肢があるなら、もっと楽な獲物を食べるのだ。たとえば沖縄本島には、ヤンバルクイナという飛べない固有種の鳥がいる。これまで沖縄本島にはそれほど強力な小型肉食獣がいなかったのでヤンバルクイナが生

ウシガエル。北米大陸から持ち込まれた大型のカエルである。食用として期待されて導入されたものの、日本ではあまり普及していない © ヨコケン／ PIXTA

アメリカザリガニ。この章に出てくる他の生物と同様に、北米大陸から食用として持ち込まれている。アメリカ南部では食用として利用されることも多い。おなじく外来種として持ち込まれた中国では食用として人気になったが、日本での利用は進んでいない © 四季写彩／ PIXTA

存することが可能だったんだけど、マングースが移入されてからは、かっこうな食料として目をつけられ、数を減らしてしまっている。奄美大島にはアマミノクロウサギという固有種がいる。これもやはり、マングースの餌食になってしまうことがある。

はじめは「よかれと思って」移入したマングースだけど、人びとはやがて、その生き物がむしろ現地の自然を破壊していることを思い知ることになった。現在、沖縄や奄美では、マングースを駆除するために多くの予算を使って、大勢の人びとが何年も努力を重ねている。その努力は実を結びつつあり、奄美大島では完全な駆除が近づきつつあるとのこと。思えば、マングースを連れてくるのは比較的簡単だったが、根絶するのはとてもたいへん。僕らはこれをしっかりと認識し、今後「よかれと思って」軽はずみな行動をするのを慎むべきであろう。なお、連れてこられたマングースに罪はない。彼らは異国の地で、彼らなりに新しい環境に適応しなんとか生き延びようとしているだけだ。人間の考え方によって、ヒーローから悪役に立場が変わってしまったマングースの悲劇。

マングース。アジア南部に広く分布する肉食獣。毒ヘビと闘って勝つほどのどう猛さと身体能力を持っているが、ふだんはもっと楽に捕まえられる動物をエサにしている ©naoya ／ PIXTA

ヤンバルクイナ。沖縄本島北部に生息する固有種。空を飛ぶことはできないが、肉食動物がもともと少なかった沖縄では生存することができていた。近年、人間が持ち込んだマングース、イヌやネコに食べられることが多くなっていて、絶滅が心配されている ©AOA ／ PIXTA

彼らの名誉のためにも、生物の移入には人間の慎重な判断が求められることをしっかり学ぼう。

「気づかないうちに」連れてこられる外来生物の例として、最近話題になったのはヒアリであろう。毒性と攻撃性の強いヒアリが日本に定着してしまうと、生態系に影響がおよぶうえ、人間にも害を与えることになる。ヒアリが日本で大きなニュースになったのは二〇一七年。「猛毒のヒアリが外国からやってきた」と恐怖心をあおるワイドショーの効果もあり、世間では小さなパニックのようになっていたと記憶している。話題になったことで調査が進んだのだが、その結果日本のいろんなところに運び込まれていることが分かった。アリのような小さな生物は、貨物船が運ぶコンテナなどにくっついて持ち込まれることがままあるのである。

日本は貿易大国である以上、ヒアリのような外来生物が「気づかないうちに」持ち込まれるリスクには常に注意をしておかなければならない。もともと日本に生息しない生

奄美大島の山中で偶然見つけたマングース捕獲用のわな。こういうのを大量に仕掛けて駆除を進めている

物なので、しっかりとアリの種類を識別できる専門家も養成しないといけない。そして、僕ら一般市民も、身のまわりの自然に気を配って生きていきたいと思う。二〇二〇年、日本国内ではじめて、ヒアリの女王アリと雄アリが大量に発見された。これまで発見されていたのは主に働きアリ。働きアリは毒針を持っているので刺されたらたいへんだけど、働きアリだけでは繁殖できないので、日本で分布を拡大する危険性は限定的だった。しかし、女王アリが一か所から何十匹も発見されたということは、日本国内で繁殖し始めている可能性がきわめて高い。ヒアリ対策は、いま正念場を迎えている。しかし人びとは飽きっぽい。二〇一七年にあれほど大騒ぎしたのに、二〇二〇年の女王アリ発見のニュースをどれだけの人が知っているだろう。マスコミも、それを受け取る市民も、ニュースの流行に流されず、しっかりと大事なニュースを自分ごととして受け止めていきたい。

そして僕らは、生きものに対してバランスの取れた姿勢を保つ必要がある。「外来種が日本の自然を破壊している！」というショッキングな伝え方をするテレビ番組などのメディアもある。外来種の影響が大きいことは事実ではあるけれど、感情的になりすぎて、外来種は悪だからすべて根絶しよう、殺しつくすことが正義、のような姿勢に凝り固まるのはどうかと思う。外来種を持ち込んだのは人間である。当の生物には罪はなく、彼らは日本という異国の地に連れてこられてそこで精いっぱい生きているだけなのだ。

そして日本では、残念ながら根絶が絶望的なほど定着している外来種がたくさん存在する。たとえば雑草を例にすれば、都会の空き地などで見られる雑草の半分以上は外来種であるなんてことがざらにある。外来種を根絶やしにするために心血を注ぐのではなく、彼らとどのように共存するか、現実的な対策を考えることも必要だと思う。

生態系と生物多様性

地球にはいろんな生物が生きている。ブラックバスのように日本では悪名高い生きものにも生まれ故郷はあり、その場所の生態系でしかるべき「立場」を持っている。ブラックバスは比較的大型の肉食魚だから小魚やザリガニ、カエルなどを食べる。それら小動物は動物プランクトンを食べ、動物プランクトンは植物プランクトンを食べ……、という食う、食われるの関係が成立している。小中学校の理科で習う**食物連鎖**というやつである。そしてブラックバスを食べる肉食動物だっている。

このように、生態系には多くの生物が存在し、それぞれが関係しながら生きている。生態系の生きものたちにエネルギーを供給している植物（植物プランクトンをふくむ）は生産者とよばれる。生産者は、太陽のエネルギーを受けて、二酸化炭素と水を化学変化させて有機物を生み出す。光合成という過程だ。動物たちは、光合成によってつくられた有機物を食べることで生きている。動物たちは排泄《はいせつ》したり、やがて死んだりする。そのような動物性の物体は微生物によって分解されて、次のサイクルの光合成の原料となるのだ。

そして生態系は、外的な影響がなければ、複数の種類の生物たちが安定してかかわりあい、バランスが取れるようになっている。そのバランスはとてもうまくできていると

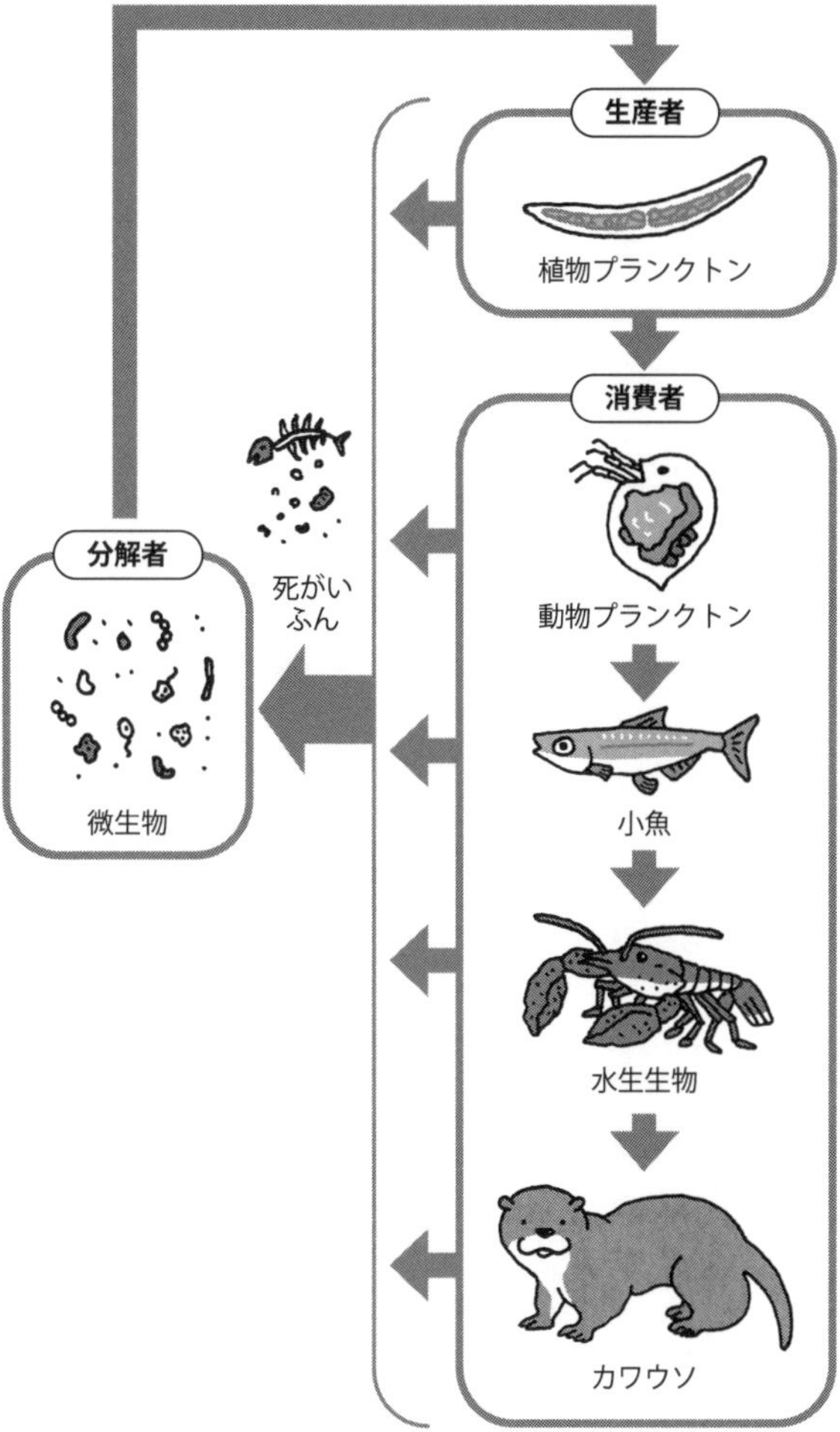
生産者
植物プランクトン
消費者
動物プランクトン
小魚
水生生物
カワウソ
分解者
微生物
死がい
ふん

水辺の生態系

感じるかもしれないけれど、特に奇跡というほどのことではない。生物進化と自然淘汰《とうた》は、しかるべき立場の生きものをつくり出し、選び出してくるからだ。たとえば、オーストラリア大陸にはもともと、日本にいるようなウサギ（草食動物）やキツネ（肉食動物）はいなかったけれど、そこに生きていた有袋類という動物が進化して何種類かに分かれ（分化という）、ウサギのような役割やキツネのような役割を果たす生きものが誕生した。このように、生態系には摂理というものがあり、それが成り立つような力がはたらいている。

なんらかの影響で、生態系のバランスがくずれることがある。たとえば、日本の川にブラックバスが持ち込まれたら。日本は小さな島国ということもあり、淡水の大型肉食魚はあまり豊富ではなかった。たとえばイワナやヤマメは冷たく透明な水でしか生息できない。ウナギやナマズは濁った温かい水でも生息できるけれど、それほど泳ぎが得意じゃない。そんな日本の川にブラックバスが入ってきたことにより、小魚たちがどんどん食べられてしまうことになった。繁殖力のあまり強くない小魚たちは、ブラックバスによって地域から姿を消してしまうこともある。そうなると、その場所の生態系は大きく様変わりすることになる。極端な場合は、ブラックバスの稚魚が小魚の役割を果たして動物プランクトンを食べ、その稚魚をブラックバスの成魚が食べるという、共食いをベースとした生態系が成立してしまうことさえあり得る。こんなときでも食物連鎖は存在しているんだけれど、多くの種類の小魚が生存していた日本のむかしながらの川の**生物多様性**は、とても寂しいものになってしまう。

生物多様性とは、文字通り生物の豊富さのことを表している。生物多様性には、遺伝的な多様性や生態系の多様性などいろいろ視点があるけれど、ここでは生きものの種類の多様性について考えてみよう。生態系に存在する生きものの種類が多ければ生物多様性が高い、少なければ低い、という表現を使う。ある種の生物が絶滅すると、生物多様性は低下することになる。たとえば沖縄のヤンバルクイナが絶滅すると、それによる生物多様性のロスは取り返しがつかなくなる。一方で、日本からトキやコウノトリが絶滅したことがあったが、世界の別の場所で生きているトキやコウノトリを連れてきて繁殖させることで、生物多様性を復活させたという事例もある。この場合、トキやコウノトリは世界の別の場所で生きていたわけだから、日本から一時絶滅したことは**地域絶滅**という。地域絶滅は、別の場所から連れてくることで回復することが可能というところが、種が絶滅した場合との違いだ。といっても、なるべく地域絶滅もふせぎたいところ。

ここで素朴な疑問を考えてみる。生物多様性が大事とはいうけれど、なんで大事なんだろうか。ある種の生物が絶滅したとして、ほんとうに困ることはあるのだろうか。これは素朴だけれど、たいへん重要な疑問である。生態系には似たような生物がたくさん存在する。たとえば、田んぼで見かける水鳥には、トキ、コウノトリ、コサギ、ゴイサギなどがいる。トキやコウノトリが絶滅したとしても、ほかの種類の鳥が生きていたら生態系は何ごともなかったかのように存続しつづけるのではないだろうか。とすれば、現在国家事業として多額の予算を投入しているトキやコウノトリを保護し繁殖させるプロジェクトは不必要なんじゃないだろうか。

この疑問に答えるため、科学者はいろいろな研究を行っている。ここではその一つを紹介しよう。アメリカの生態学者ティルマンは、草原に生える草の種類をコントロールする実験を行った。その結果、生物多様性が高くなると生産性が高まり、少々の環境変化があっても安定していることが分かったのである。単純に考えると、草原にもっとも成長スピードの速い草を一種類だけ植えることが、いちばん生産性の高い土地の利用法であると思ってしまうかもしれない。しかし現実はそうじゃなくて、種類がたくさんあったほうが、草原全体の生産性が高くなったのである。

草原の草は一見どれもおなじように見えるが、それぞれの性質は微妙に異なっている。そして、草原はどこもおなじように見えても、実は環境が微妙に異なっている。平坦な草原に見えても、きちんと調べれば土地にちょっとした起伏があることが分かるだろう。草原に雨が降って、その水が流れていく。長年のこのような過程が土を少しずつ削り、起伏が生まれるのである。すると、草原のなかに、少しだけ湿った場所や、少しだけ乾いた場所が生じるだろう。草は種類によって、湿った場所が得意なもの、逆に乾いていて日当たりの良い場所を好むものがある。草の多様性が高いと、草原内のいろんな環境にぴったりマッチした草が生えてくるので全体として生産性が高くなるのである。

生物多様性が高いメリットはほかにもある。生態系にはいろんな突発的な出来事が起こる。たとえば、雨が少なくて干ばつが生じる年があるかもしれない。逆に、雨が多すぎて草原が水びたしになる年もあるかもしれない。そんなとき、干ばつに弱い草や、水びたしに弱い草は枯れてしまうかもしれない。生物多様性が高ければ、その場所に干ばつに強い草、水びたしに強い草が生えることが可能だから、突発的な出来事が生じても、草原全体は安定するのだ。さらに、ある種の病気が流行したときに、草の種類が一種類だけなら草原の全体が枯れてしまう。草の種類が複数あることで、草原全体に及ぶ病気の影響が最小限にとどめられるのだ。ここで学んだように、一見無駄なように思えてもいざというときに役立つという性質を**冗長性**という。冗長性を高めるため、僕らは生物多様性を守らなければならないのである。ちなみに、多様性を確保しておいたほうが安定するのはリスクヘッジという考え方と共通しており、この本の第五章でも再生可能エ

早春の京都の田舎道には、いろんな花が咲いていた。草の種類の多様さにこころを奪われた。ちなみに、現代の日本には外来植物が多い。この写真にも写っている。外来植物もその場所の生物多様性を高めているともいえるのだが、彼らのせいで在来の植物がすみかを追われることもある。外国からやってきた生きものについて考えるのは、むずかしいけど大事な問題だ

ネルギーを例に学ぶことになる。

地球のサイズは有限

「宇宙船地球号」という言葉を聞いたことがあるかもしれない。広大な宇宙に思いを馳《は》せるならば、広がる無の空間にぽっかりと浮かんでいる地球がある。地球には、多くの生命と、彼らを維持する水や大気があり、適度な距離にある太陽からのエネルギーが存在する。これは奇跡的なことだ。そして、宇宙のサイズから見ると、地球なんてほんとうにちっぽけな「点」みたいなものだ。その小さな星でうまく生きていくためには、人間もそのほかの生物も、みな乗組員として協力しながら活動しなければならない。誰かが無茶をすると、とたんに生命の維持が困難になるというのも宇宙船という秀逸なアナロジーが表現しているところである。

地球のサイズは有限。だから使える資源は有限。そして、廃棄物を薄めてくれる大気や水も有限。僕ら現代人は、これら当たり前のことを忘れてはいないだろうか。常に自問自答したいところである。共有地の悲劇の寓話《ぐうわ》に出てきた「共有地（牧草地）」も、サイズは有限だった。だから僕らは、その共有地をルールにしたがっていたわりながら、未来のために持続可能な使い方をしなければならないのだ。アメリカの開拓時代、人びとは一か所の資源を使い切ると、別の場所に移動していくというライフスタイルを持っていた。人口密度がとても低かったので、広大なアメリカ大陸はまさに、無限の広がりを持っているように感じられたのだろう。現代でも、アマゾンなどで焼畑農業をやっている発展途上国の人びとは同様の感覚を持っているかもしれない。地球のサイズが有限であるのはわかりきってるはずなのに、さも無限であるかのように振舞うことは、実はよくあるのだ。

ここで学んでほしいコンセプトに環境収容力（carrying capacity）がある。資源が有限ということは、その資源で養うことが可能な生物の量にも限りがある。それが環境収容力だ。地球が養うことが可能な人間の数という意味で環境収容力を考えることもあるし、ある島に生息可能なシカの数という意味で環境収容力を考えることもある。環境収容力の計算は、その場所の生態系の生産力にもとづいている。ある島におけるシカの数を考える場合、その島の植物が光合成によって一年間に生産する有機物の総量を推定し、シカ一頭が一年間で食べる有機物の量で割る。その答えが、きわめておおざっぱに計算した環境収容力である（実際にはシカ以外の草食動物がいるかもしれないし、考慮すべきことは多々ある）。

もしも、シカの数が環境収容力を超えてしまったらどうなると思う？　そうなると、何割かのシカが餓死することになる。もしも、シカの数が環境収容力より少なかったら。シカは豊富な食料があるので繁殖し、やがて個体数は環境収容力と同等になることだろう。このように自然界には、環境収容力に合うように個体数が自然に調整されるという働きが存在する。

しかしこれを人間に当てはめて、地球に適した数の人口に落ち着くような力がひとりでにはたらくので、環境収容力の心配をする必要はない、なんて考えてしまうのは間違いである。共有地の悲劇における共有地のウシの数は、ちょうどよいレベルに収まることはなかった。このように自然界でもしばしば、**オーバーシュート**と呼ばれる現象が観測される。オーバーシュートとは、個体数が一時的に環境収容力を超えてしまう現象である。とある島で、シカにベビーブームが起こったとしよう。そうなると一気にシカの個体数が増加し、島の環境収容力を大幅に超えてしまう。そうなると、島じゅうの植物はみな食い荒らされ、森や草原はハダカの状態になってしまう。シカたちは、そのほとんどが餓死してしまうことだろう。いちどオーバーシュートが起こると、島の資源が激減することになるので、環境収容力がオーバーシュート前より大きく低下してしまう。するとこれまでは一〇〇〇頭のシカを養えていた島が、わずか一〇〇頭のシカしか養えない、なんてことが現実に発生するのである。これがオーバーシュートの怖さであり、共有地の寓話が僕らに伝えているのもこれなのだ。オーバーシュートとそれに伴う生態系の崩壊を避けるため、僕らは計画的に生きていかなければならない。

第三章　生物とはなにか——環境科学の基礎知識Ⅱ

ここでは、第二章に引き続き、環境科学を学ぶうえでベースとなる基礎知識を勉強していこう。これまで学校で習ってきたけど、環境問題と直接関係がないと思っていたことが、実は環境問題の解決にとても重要であることをお伝えしたい。環境科学は学際科学。環境問題は、いろんな学問の知恵を総動員して解決していく問題なのである。

生きものの性

環境科学を学ぶうえで、生物について考えることは欠かせない。環境問題は、その場所に生きている生物に大きな影響を与えるわけで、僕らは生物がそもそもどのように生きているかを理解することで、適切な対応が可能になるのである。

そもそも生物とはなんだろうか？　生物はなんのために存在しているんだろうか？

きわめて根源的な問いである。もしも宗教に基づいて答えることが許されるなら、神さまが目的をもって生物を創造した、なんて解答が可能なんだろう。「環境を破壊してはいけないのは、神さまが悲しむから」という理由をつけるのも可能かもしれない。しかし、これで世の中を動かせるかというと、大きな疑問が残る。世界じゅうのすべての人が神さまを信じているとはかぎらない。そして、世界にはいろんな宗教があるので、信じている神さまとその教えは異なるのである。

世界じゅうの人が納得して環境を守るためには、やはり科学サイドからの説明が不可欠だろう。生物とはなにか、なんのために存在しているのか。生物学は、宗教とはまったく違うドライな解答をする。端的にいって、生物は生存と繁殖のための装置であり、生物が保有している遺伝子を絶やさずに受け継ぎ、そのコピーを増やすために存在しているのである。遺伝子とは、コンピュータプログラムのようなもの。僕ら人間を含めた生物がどのような形に成長して、どのように行動するかが書かれた設計図だ。僕らは、自分が運んでいる遺伝子が存続し、そのコピーを増やすために生きている。そんなことを日常生活で考えることなんてないかもしれないが、これが厳然たる事実なのだ。SFのストーリーで、近未来の世界はロボットや人工知能に支配されていて人間が迫害を受けるというのはよくあるが、実は僕らはすでに、遺伝子というプログラムに支配されているのだ。人間が生き続ける限り、この事実は変わらない。

人間にも生物にも本能があって、できるだけ自分が多くの資源を得ようとする。それは生存と繁殖を有利に進めるための本能だ。これは生物を動かしている遺伝子に仕込まれている方向性であり、有名な生物学者であるドーキンスはそれを「利己的な遺伝子」と呼んだ。遺伝子が利己的ならば、人間が利己的に振舞うのは止めようがないんだろうか？　となると人間は共有地の悲劇から逃れることはできないということで、環境問題は止められない……。

利他的な行動が生じる条件

利己的な遺伝子に支配された生物は、利己的に振舞うしかないのだろうか。他人を圧倒し出し抜いて自分だけが生き残って繁栄する。これだけが生物や人間を支配する法則なのだろうか。実は、そうとは限らない。ほんとうの意味での自己犠牲という意味の利他的な行動は成り立たなくても、**戦略的互恵関係**というのは成り立つからだ。人のためになることをすれば、やがてそれは自分の利益になる。そうならば、利他的な行動が戦略的な意味を持つ。自然界に目を向けてみよう。自然界に、自己犠牲の愛や無私の愛の存在を見つけるのはむずかしいが、戦略的互恵関係ならわりとよくあるのだ。

たとえば、チスイコウモリは利他的な行動をとることがある。洞窟などでコロニーを作って生活しているチスイコウモリは、夕方になると飛び立って、獲物を探す。明け方、良い獲物を見つけられた個体は満腹でコロニーに帰ってくるが、運悪く獲物に出会えなかったコウモリは空腹のままだ。そんなとき、満腹の個体は、空腹の個体に、口移しで食物（獲物から吸った血液）を分けてあげることがあるらしい。しかし、いつでもおなじ個体ばかりが獲物にありつくわけではない。ときには、昨夜は満腹だった個体が空腹で、昨夜はエサを分けてもらったほうが満腹になったりする。このようにラッキーとアンラッキーが逆になったとき、この前の「お返し」として、逆方向に食物を分けてあげることがある。そのとき、以前やさしくされた個体にはちゃんと恩を返し、冷たくされた個体には出し渋るということがあるとのことだ。このように、信頼できる仲間と相互に助け合う関係を築くこと。これはまさに戦略的互恵関係である。

このような利他的な行動は、オウムのなかまのヨウム、チンパンジー、ネズミやクジラなど、複数の動物でも観察されている。生物の系統的に遠く離れた種で戦略的互恵関係が生まれているということは、戦略的互恵関係をはぐくむことが生物にとってプラスになるシチュエーションがわりと普遍的に存在していることを示している。https://natgeo.nikkeibp.co.jp/atcl/news/20/011500028/?P=2

利他的な行動は、めぐりめぐって自分のプラスになるから、進化の過程で獲得され、残ってきた特徴である。その瞬間では自己犠牲、つまり相手の適応度（この本では、生存と繁殖の可能性を表す指標と考えよう）を上げる代償として自分の適応度を下げる行動である。しかし動物には脳があり、ものごとを記憶する力が備わっている。だから、「相手を助けたことを覚えてもらい、自分が困ったときにお返しをしてほしい」という打算がはたらいた結果、利他的な行動をとるのだ。これは結局のところその遺伝子の適応度を上げることに貢献してきたから、そういう特徴は自然淘汰《とうた》に耐えて残ってきたのであろう。

情けは人のためならずとはよくいったもので、結局は自分に返ってくる。ただし、相手から助けてもらうけど自分からは助けないという利己的なタイプの個体は、仲間はずれにされて適応度を下げることになる。結局は自分の利益になるから、戦略的に利他的な行動を取る価値がある。これが戦略的互恵関係だ。もしも、ほんとうの意味で利他的な、見返りを求めない愛を示す生物がいたらどうなるだろう。その愛を受ける生物が繁栄する一方で、愛を与える側の生物はやがて絶滅するだろう。これは、冷徹だがまぎれもない真実である。

ちなみに、血縁関係がかかわる場合は、生物は自己犠牲的な行動を行うことがある。

たとえば親が子を養うのは、子どもからの見返りを求めているわけではない。それは「自分の遺伝子を引き継いだ子どもたちが生きのびて、繁栄するため」と考えると、自分（正確には自分が持っている遺伝子）にとっての合理的な理由があるのだ。一方、血のつながりがない生物のために自己犠牲することは、その生物にマイナスをもたらしてしまう。テレビを見ているとたまに、「イヌのおかあさんが子ネコを養っている」みたいなニュースが流れたりする。とてもこころ温まる話なのだが、それは食べものと環境が整った飼育下だからであって、もし野生生物が、他の種類の子どもを養うなんてことが頻繁に生じれば、その種は絶滅の危機に瀕することだろう。たとえばカッコウは托卵《たくらん》という行動を取る。別の種の鳥の巣に卵を産み落とすという行動だ。これをやられた鳥が、自分の卵とカッコウの卵の違いを見破れなければ、適応度は大きく低下してしまう。無私の愛で他人の子どもを育てるなんて余裕は、自然界では永続できないのだ。

生物は基本的に利己的だということは、残念ながら真実である。それが分かったうえで僕らは、環境問題を解決し、生態系を保全しなければならない。自己犠牲・善意・良心だけに頼った環境保全は成り立たないことを、僕らは理解しなければならない。生物の世界で戦略的互恵関係が成り立つように、人間も合理的な理由があれば利他的に、他人のために行動することが可能だ。このような性《さが》を活かすことが、環境問題の解決に求められていると思う。

トレードオフはいろんなところに

魚を飼っていると、おもしろい発見がある。ドジョウと金魚をおなじ水槽で飼っていたことがあった。ドジョウは本来、水底を主な生息地として砂のなかでエサを探して生活しているはずである。ところが、金魚と一緒の環境に適応したドジョウは、金魚のエサが投入されると自分も水面までのぼっていって金魚と一緒にエサをつつくようになったのである。最初のころ、そのドジョウはエサを食べるのが下手で、水面までのぼってエサを口にほおばるのだが、うまく飲み込めず口から出してしまい、金魚に横取りされることも多々あった。しかし、金魚のエサを食べるという努力を毎日やっていると、徐々に食べるのがうまくなってきた。やがて、最短コースで水槽の底から水面にやってきて、エサをかっさらうとまたすぐ水槽の底に戻り、そこでゆっくりモグモグするという習性を持つに至ったのである。この水槽では、二匹のドジョウを飼っていた。飼いはじめたのは同時で、当時はおなじくらいのサイズだったのだが、一匹はとても大胆で、もう一匹はとても臆病な性質を持っていることに気づいた。案の定、水面で金魚のエサを取ることを覚えたのは大胆なほうのドジョウだ。臆病なドジョウはいつまでたっても水槽の底の砂に身を隠し、たまに落ちてくる金魚のエサのおこぼれを食べるという状況に甘んじていたのである。こういう状況が半年くらい続いて、ついに二匹のドジョウに二倍ほどの体格差が生じてしまった。

ここまでだと、「大胆にチャレンジするのはすばらしい」みたいな教訓の話のように聞こえてしまったかもしれない。しかし僕は生態学者であり、大胆に水面までのぼってくるドジョウの個性は、果たしていつでもプラスに働くのかどうか？　と考えてしまう。

安全な我が家の水槽とは違い、自然界には危険がいっぱいだ。小魚を食べようと、水鳥などの肉食動物が待ちかまえていたりする。そんなとき、水面のエサを食べるという行動はむしろマイナスになり、おとなしく砂にもぐっているほうがプラスになるかもしれない。

僕は釣り人でもある。おなじ種類の魚でも、個体によって個性があることを経験上知っている。ためらいなくルアーに食いつく大胆な個体もいれば、臆病で用心深い個体もいる。なんでも口に入れてみるタイプの個体は、場合によってはたくさんエサを食べて大きく成長するかもしれない。しかし、ルアーにだまされて釣り上げられそこで一生を終える、なんて確率も高くなるのである。

そこで考えたのは、魚の生き方の**トレードオフ**である。トレードオフとは、何かを得るために何かを失うという関係性のこと。ドジョウの場合、「エサをたっぷり食べる」というプラスには、「我が身を危険にさらす」というマイナスがつきものなのだ。自然界で生きている生物はみな、このようなトレードオフにさらされている。たとえば、恐竜は大きな体を持つことで繁栄したが、その巨体を維持するためにはたくさんのエサが必要になる。だから白亜紀末期に地球環境が激変したときに絶滅してしまい、代わりに体の小さな哺乳類が栄えることになったのである。

環境問題を考えるときも、このトレードオフが重要になってくる。ドジョウとおなじように、僕ら人間の行動にもトレードオフは存在している。たとえば、環境問題を気にせず好き勝手に生きるという選択。そうすると、いまは楽しいけど将来たいへんなことが生じる。逆に、環境問題を防止するため禁欲的な生活を送る。そうすると未来の環境は守られるけど、僕らは強いストレスにさらされることになってしまう。

トレードオフが存在するとき、答えはひとつに決まらない。もしも、長所しかない選択肢があるなら、僕らは迷わずそれを選択することだろう。ところが、僕らの前に存在する選択肢は、それぞれ長所と短所を持つことが多い。どちらを選んでも弱点はある。そして、環境問題に関する選択には、このようなトレードオフが存在することが多々あるのだ。たとえば、僕らが文明生活を営むのに必要なエネルギーのつくり方。再生可能エネルギーにも太陽光・風力・地熱・潮汐などいろんなタイプがあり、それぞれに一長一短がある。僕らは冷静に、客観的な判断が求められる。ときには、複数の選択肢を併存させるリスクヘッジ（第五章）という考え方が必要になったりする。このように、環境問題の解決はむずかしいことを理解しておくことはなにかの役に立つと思う。もしあなたの前に「○○をやれば環境問題はすべて解決！」みたいなことを言う人が現れたら、その人は十中八九、あるいはそれ以上の確率で詐欺師であることを見破れるのだ。

環境保全と経済学

自己犠牲の愛、無私の愛は美しい。そういう愛が世界を救うし地球環境を守る。だから見返りを求めず寄付をしよう。ボランティアをしよう。こういう論理で活動している人はとても多い。僕は、それは無意味とまでは言わないまでも、自己犠牲に依存する政策一辺倒では、地球環境は守れないと思っている。自己犠牲に訴えるのではなく、人びとの損得勘定に訴えること。少しむずかしくいえば、個人にとっての経済的合理性を示してやることが大事だと思う。スーパーに行って、どの食べものを買おうかなと選択を考える際、僕らはなるべく安くておいしいものを選ぼうとするだろう。そのようにコスパを考えるのは合理的な行動である。

このような人間の特性をうまく利用して環境を守ることも可能だ。つまり、安くておいしいものを選んだら、それが実はいちばん環境に良いものでした、という世界をつくりだせばよいのである。この理想の世界を実現するために、**インセンティブ**という考え方がある。政府が環境に良い製品に補助金を出すことにより、その製品の価格は安くなる。すると価格競争力（コスパ）が上がるので、スーパーのお客さんに買われやすくなる。逆に、環境に悪い製品は補助金をもらえないので、価格を高くせざるを得ない。するとあまり売れなくなり、いつか製造中止にしなくてはならなくなる。消費者は、スーパーでいちいち、製品が環境に良いか悪いかを調べたり考えたりしなくてよい。素直に、いちばん魅力的（安くておいしそう）な製品を選べば、環境は守られるのである。このように、政策決定者がしっかりとインセンティブを実施すれば、「お買い得」みたいな言葉に弱い我々小市民でも環境保全に貢献できる。環境保全は、寄付やボランティアをできる「聖人」「意識高い系」だけでやるものではないのだ。

「環境を守ることに個人的に興味はない。環境を守るために税金を取られたり、有料のレジ袋を買ったりなど損するのはいやだ。環境は僕の敵だ。環境を守ろうなんて言ってるのは一部の意識高い系。甘いこと言ってんじゃないよ」こういうタイプの人でも納得して環境保護対策を支持してくれるようにする必要がある。自分の得になるから環境を守ろう、ということだ。このような打算を持つのは、けっして後ろめたいことじゃない。環境保護は自己犠牲だけでは成り立たないことは、生物の本質（利己的な遺伝子）を考えればわかるだろう。

いま、ほんとうに環境問題を解決したいと願うならば、社会や経済のことを考えなければならない。「政治家や大企業は環境の敵」のように思いこんで、批判や抗議をする活動家もいる。環境問題に関心を持つ人の中には、表立って抗議活動をしないにせよ、こころのなかで「政治家や大企業は環境の敵」と思っている人も多いことだろう。しかしそれでは、ものごとは前に進まない。政治家や大企業を味方につけ、彼らと一緒に環境保全をしていかなければならない。そして世の中は、徐々にその方向に向かっていっている。世の中に文句を言う前に、世の中の環境対策について学び、一定の評価を与えることはとても大事なことだ。

ＳＤＧｓ（Sustainable Development Goals）という言葉、最近よく耳にするようになってきた。日本語では「持続可能な開発目標」という。社会が持続可能な場所になるように、僕ら人間がいま取り組むべきことをまとめたものだ。そして、ＥＳＧ投資という言葉がニュースで扱われることがある。これは、環境（Environment）、社会（Society）、ガバナンス（Governance）の頭文字。これまでの企業は、とにかくお金儲《もう》けを目的に動いていたが、これからは、お金儲けに直接かかわらないこと、環境問題や社会問題、そして企業内の労働環境にも注意するべきで、そのようなことを積極的にやっている会社が、長い目で見れば多くの資金を集めることができ、成功すると考えられるようになった。たとえば日本では二〇二一年、金融庁が今後、企業の有価証券報告書に気候変動リスクについて記載することを義務化すると発表した。有価証券報告書は、その企業の事業を取りまとめたもので、投資家はそれを見て投資の判断を行う重要なもの。そこに気候変動によってその企業がどのような影響を受けるかを記載、さらにはその対策として何を行っているかを記載することになる。このように社会では、企業の環境意識を高めるための取り組みが進んでいる。

最近、排出権取引が注目されている。地球温暖化を緩和するには、世界トータルの二酸化炭素排出量を制限しなければならない。そのとき、日本が一トンの二酸化炭素を削減するのと、インドネシアが一トンの二酸化炭素を削減するのと、地球温暖化の緩和という点ではおなじである。ならば、排出量を削減しやすいところから削減しよう、そのために経済学を採り入れ、排出権を取引することによって、もっとも効率的な削減を目指すという考え方である。

中学校の社会科で、市場経済というのを習ったはずである。もしかしたら、習ったことさえ忘れてしまった人もいるかもしれないけど、実はこれは環境問題を考えるうえで大事なコンセプトである。市場経済のメリットは、売り手と買い手が自分にとって得になる決定をするだけで、もっとも効率的な状況がつくりだされることにある。たとえば、東北地方に住む人がパイナップルを食べたいと思ったとき、自分でがんばってパイナップルを栽培するのではなく、温暖な地域から買うのが効率的だ。そのかわり、この人は田んぼで米を栽培して、売ったお金でパイナップルを買えばよい。このように、商品の売買を通じて、適地適作・適材適所を達成することで、社会全体にプラスになるような仕組みが市場経済である。ちなみに、この仕組みはよくできているので、アダム・スミスはこれを「神の見えざる手」と呼んだ。まるで神さまに導かれるように、ベストなバランスが自動的に成り立つからである。二酸化炭素の排出権取引も、このような仕組みで効率よく対策するためのものだ。

経済学の考え方が環境保全に役立つことはほかにもある。たとえば、二〇一七年にノーベル経済学賞を受賞したリチャード・セイラーによる理論「ナッジ」。ナッジとは、直訳すると誰かをひじなどでツンツンすること。誰かにインフォーマルな形で何かを伝えたり思い出させたりすることで行動を軽く促すことである。経済学的な文脈でいうならば、「こういう行動をしたらお得ですよ」「楽しいですよ」と市民におすすめをすることである。環境問題というと、どうしても「〇〇をしちゃだめ」「△△をしなきゃだめ」という規制やルールや命令でがんじがらめになって窮屈な思いをするというイメージがある。ところが、ナッジは規制じゃなくておすすめをする。これは純粋におすすめであって規制じゃないから、市民は自分の意志で判断できるのだ。たとえば日本では、エコカー減税とかエコポイントなどの政策がある。環境にやさしいことはお財布にもやさしいですよ、というお得情報を伝えることで、社会全体が環境に良い方向に向かうようにかじ取りを行うのだ。

良い行動を促すため、市民にインセンティブを与えてモチベーションをつくりだす。

有料化とか課税とか、罰則化（犯罪化）とか、環境保護のために政治ができることにはいろんな種類がある。しかし、できるだけ人びとの自由を制限しないように工夫することが、人びとの不満を募らせることがないので反感を買いづらく、社会に浸透しやすいのだ。とはいえ、たとえばエコカー減税の導入は、逆にいうとエコじゃない車が割高になることを意味する。そのうえ近年のガソリン価格の上昇で、すっかりスポーツカーが売れなくなってしまった。車を単なる移動手段と考えるなら、スポーツカーはエコじゃないので、社会全体で見るとスポーツカーからコンパクトカーへのシフトは環境にやさしいということになる。しかし依然として、スポーツカーに乗ることは禁止されてはいない。少しばかり多くの税金とガソリン代を支払う覚悟があれば、現代でも堂々とスポーツカーに乗ることは可能である。このように、選択の自由と多様性をキープしたうえで、社会全体をエコな方向に持っていこうという工夫は、経済学の視点から生まれている。

環境保護のために大切な倫理とは

環境を考えるうえで、倫理の知識は欠かせない。倫理というと、いちおう学校の道徳の時間に学んだ気がするけれど、あまり力を入れて勉強しなかったなあ、ちゃんと覚えてないなあという人も多いだろう。日本の小中学校で教えられる道徳教育は個人の感情に訴えて良心を形成するというものが多い気がするけれど、ここでは、世界の社会や経済を動かすパワーを持つ原理になり得る倫理について学んでみよう。倫理・思想・哲学というと、なにやら世の中の役に立たなそうな机上の空論というイメージを持つ人もいるかもしれない。ところがどっこい、これこそが環境保護の原動力になり得るのである。

人間の役に立たない生物を保護する必要はあるのだろうか。この本を手に取ったあなたのような環境意識の高い人は何の疑問も持たず、「自然界の生物や生態系を保護することは大事」「絶滅にひんしている生きものを救うべき」と答えることだろう。しかしそれって、世界じゅうの人に通じる考え方だろうか。ドラマで見るような冷徹なビジネスマンが実在するとしよう。その生きものを保護することでお金は儲かるの？　それとも逆にお金がかかるの？　それになんのメリットがあるの？　と冷静に問い詰められたときにどう答えたらいいだろう。「生きものがかわいそうだから」という感情だけでは、お金儲けしか眼中にないビジネスマンを説得することは不可能だ。そこで考え出されたのが**生態系サービス**という概念である。この考え方は、自然の恵みを金銭で定量化することが特徴だ。自然は人間にどれくらいの恩恵を与えてくれているのかを具体的に数字で示すことができる。だから自然を保護することの価値を客観的に示すことが可能だ。経済的な恩恵があることが分かれば、お金にしか興味のないビジネスマンでも自然保護に賛成することだろう。生態系サービスで経済と環境を両立させる。生命が人間や社会に役立つことを、お金に換算してまとめる。このように自然保護の論理的根拠を示すことで、環境保全は一部の意識高い人の行いではなく、社会全体で取り組むべき価値があると自信を持っていえるのだ。

環境保全について考えるとき、僕らは「平等」という倫理上の概念に直面する。たとえば、先進国に住む僕らと発展途上国の人びととの平等。現代の地球の総人口のかなりの部分は発展途上国が占めている。発展途上国では、一人当たりの二酸化炭素排出量が少ない。日本やアメリカのような先進国と違って、自家用車やエアコンなどがあまり普及していないからだ。もし発展途上国が発展し、僕ら日本人とおなじような生活水準を持つに至ったらどうなるだろう。そのときは地球全体の二酸化炭素排出量がさらに増加し、地球温暖化はさらに深刻さを増してしまう。それならば発展途上国に経済援助をするのをやめて、彼らには貧しいままでいてもらうのがよいのだろうか。次の章で詳しく考えるが、地球温暖化を止めるためには、世界の不平等が大きくかかわってくる。その章まではみなさんへの宿題としておきたい。少し考えてみてください。

平等については、**世代間の平等**という概念も必要だ。いま僕らは、化石燃料をガンガン燃やして豊かな暮らしを享受している。しかしこのような人間の放漫な暮らしは、いつまでも続けられるわけではない。世界の環境収容力には限界があるからだ。僕らが資源をどんどん使い環境を汚染してしまうと、次の世代の人たちが僕らのツケを払わざるを得なくなり、その暮らしは悲惨なものになってしまうかもしれない。そう考えると果たして僕らは、次世代のことを考えずに好き勝手わがままに暮らしていいのだろうか。これが世代間の平等の問題である。これは「**持続可能な発展**」という概念との関係が深い。僕らは豊かな暮らしを追い求める人間の性《さが》を持っているけれど、それが持続可能か、つまり次の世代も、その次の世代も、この調子で暮らして良いかどうか考える必要がある。

倫理の話題をもうひとつ。アルファベットでＮＩＭＢＹと書く問題だ。これは「Not In My Backyard」の頭文字を取ったもの。日本語に直すと「僕の裏庭（backyard）はゴメンだ」みたいな意味になる。これはごみ問題を考えるときのキーワードだ。僕ら人間が生きていると、どうしてもごみが出てくる。しかし、そのごみ処理場が自分のうちの近所にできるとなると、住民は反対運動を行ったりする。葬儀場や原子力発電所なんかもそうだ。僕らの暮らしにはそれらの施設が必要なのに、自分の家の近くにあることには反対してしまう。だから原発は人口密度の低い場所に立地していることが多い。東京電力が原発を東北地方の福島県につくったのはそういうことだ。関西電力の原発は北陸地方の福井県に立地している。NIMBYは、僕らが考えるべき倫理上の問題だ。環境破壊も環境保全も、それにかかわる人びとの気持ちが強く関わってくるのである。

僕は環境科学の研究者であるが、自然保護至上主義者ではない。自然保護には価値があるが、その価値は相対的なものであると思っている。「世界中の全ての自然を保全しよう、一木一草たりとも切ってはいけない」なんてことになると人間は生きていくことはできない。人間が生きるということは必ず自然の改変をともなう。自然破壊をゼロにすることは無理だ。考えるべきなのは、どの程度の自然破壊を許容し、どの程度の自然保護を行うかという程度の問題である。

これは、人間同士の関係性にも似ている。僕ら人間個人には人権があり、それはとても大事なものである。しかし、人権を持っているのは世界で僕ひとりではない。世界じゅうの人間がみな、人権を持っているのである。だから僕ひとりが幸せになるようなわがままはダメだ。みんなが幸せになるように、ときにはがまんしなければならないこともある。これは幼稚園で習うようなごくごく基本的な考え方である。

これと同様に、自然も人間もなんらかの権利を持っていて、それらは絶対的なものではない。だから、状況に応じて、自然や人間がお互いを尊重し、ときには譲り合いながら共存していくべきなのである。まさに、人権の考え方を自然物にまで広げるというやり方である。お互いに敬意があると人間関係がうまく行きやすいように、自然と人間の関係性にもリスペクトがあるといい。必要な時は自然を使わせてもらうこともあるけれど、必要以上に破壊することはないし、いつか元に戻すことが可能な方法で使わせてもらうように心がける。

悲観的楽観主義者

さて、環境保全をするとなると、そのために人間はなんらかのアクションを行う必要が生じる。それはしばしば、自然を守るために人間が犠牲を払うというかたちを取る。自然を守るために税金を上げるとか、レジ袋を有料化するとか、ある場所を立ち入り禁止にするとか。これは、生態学でいうところの、「プラス－マイナス」の関係である。自然にとってプラスであり、人間にとってマイナスなのだ。となると人間は、できることなら不利益をこうむりたくないと考えるようになり、自然保護に対する反感も生まれてきたりする。

これをなんとかして「プラス－プラス」の関係にできないだろうか。僕はこのために腐心している。イソギンチャクとクマノミのようにおたがいにメリットがあるなら、人間はこころから自然を愛し、自然を守るようになるだろう。そのための手法として「ビジネス化」がある。

ビジネスとはすなわち「お金儲け」。自然保護を「ネタ」に人間がお金を稼げるなら、自然と人間はお互いにメリットのある共存関係にいたれるのである。これまでは、自然保護はビジネスの敵、自然保護のために経済を規制するのは反対、みたいな論調が大きかったが、だんだんと、自然保護することでお金を儲けていいんだよ、実際に儲かるんだよ、みたいな仕組みができ始めているのである。

そもそも、お金儲けは罪ではない。現代に生きる僕らは、大人になるとみんな何かのかたちでお金を稼いで生活するようになる。お金儲けを否定するということは、人間が生きるのを否定することとさえ言えるだろう。環境保全側の人間もこれをしっかり認めたうえで、自然保護に役立つお金の儲け方を提案するというのが前向きなやり方なのである。

このような考え方を持つ人のことを、環境科学の基礎を形づくった研究者のひとりE.F.シューマッハは「悲観的楽観主義者」と呼んだ。ただの楽観主義者は、負の側面に目をふさぎ、根拠なく「人間はすばらしいから、自然は偉大だから、環境を守れる」というようなことを言う。ただの悲観主義者は、「人間は利己的だから、環境保全なんてできるわけがない」などと言う。環境保護を実現するには、楽観主義者でもだめ、悲観主義者でもだめ。ものごとの負の側面を厳然たる事実として受け止めたうえで、それでも僕らは問題解決のために努力し続けると決意するのだ。これが楽観的悲観主義者の考え方である。

「愛で地球環境を救いましょう」なんてキャッチフレーズを掲げるのは、単なる楽観主義者だと思う。確かに環境を守るには、愛などのポジティブなモチベーションは不可欠だけど、それだけですべてを片づけようとしてはいけない。「この愛に共感できないあなたはこころの冷たい人だ」なんて罪悪感で人を動かしはじめたりしたら、まったく目も当てられない。人間は利己的で、いいところもわるいところもある。それを率直に認めたうえで、僕らにできることを考えていこう。

第四章　今世紀最大の環境問題、地球温暖化

ＩＰＣＣ ＡＲ６

二〇二一年八月九日、東京オリンピック閉会式の翌日に、国連の気候変動に関する政府間パネル（Intergovernmental Panel on Climate Change、ＩＰＣＣと略される）の第一作業部会が「気候変動‐自然科学的根拠」と題する第六次報告書（ＡＲ６）を発表した。前回の報告書から八年ぶりだ。これは、これまでに世界中の研究者たちが実施してきた研究、書いてきた論文を総合した報告書である。

この報告書では、地球が温暖化していることについては確実で、それが人間の活動のせいであることは「疑う余地がない」と明記されている。このように、すでに生じている気候変動について、そしてこれから予期される気候変動について、これまでよりも踏

み込んだ報告となっている。ちなみにＩＰＣＣの報告書は過去に五回発行されている。初期の報告書は人間活動の影響による気候変動の可能性について淡々と説明するだけだったけれど、二〇〇一年に発行された第三次報告書ではじめて、「温暖化の主な原因が人間活動である『可能性が高い』」との発表を行った。その後、二〇〇七年の第四次報告書ではその可能性は「非常に高い」、二〇一三年の第五次報告書では「極めて高い」という表現に変わっていき、人間のせいで温暖化が起こっていることについての確信の度合いを強めていった。そしてついに、第六次報告書では「疑う余地がない」となった。地球の気温を変化させる要因としては、太陽活動の変化や火山の噴火など自然の要因がいろいろあるけれど、人間の影響なしですでに生じている温暖化を説明することはできないということだ。これで僕らは、「ほんとうに温暖化は起こっているのか?」、「温暖化はほんとうに人間のせいか?」という議論から、「将来どれだけ温暖化するだろう?」、「温暖化を抑制するために何をすればよいだろう?」という議論に本格的に移るべきときが来た。

さて、温暖化を止めるためにどんな対策が行われているだろうか。地球温暖化の抑制を目指して二〇一五年に締結されたパリ協定で、温暖化による気温上昇を二℃以内、できれば一・五℃以内にとどめようと各国は合意した。後述するが、気温上昇をこの範囲内にとどめることで、人間社会や自然環境に対する温暖化の影響をギリギリ最小限のレベルに抑えられると考えられるからだ。しかし、この本が出版された時点で、パリ協定からすでに六年が経とうとしている。そして現状は、パリ協定の達成がとても怪しい状況となっている。図1は、今世紀中の気温の変化を予測したものである。http://www.env.go.jp/press/109850/116628.pdf

図2は一八五〇―一九〇〇年、つまり一九世紀後半の気温を地球温暖化前と設定し、その期間の平均気温との比較で温暖化の強さを考えている。未来を予測する部分で、線が五本に枝分かれしていることに気づくだろう。これは、SSPによる予測結果の違いを表している。SSPというのは、共通社会経済経路（Shared Socioeconomic Pathways）のこと。これからの世界の社会や経済がどうなるかによって、未来の温暖化は大きく異なるのだ。SSP1は、世界の人びとが力を合わせて化石燃料からの脱却を

図るという理想的なシナリオだ。この図では、下の二本がSSP1に属している（二本のラインが微妙に違うのは、このシナリオ内でのさらに細かな違いによる）。これからの世界がSSP1で描かれるような世の中になれば、地球温暖化は二℃以内、さらに理想的には一・五℃以内にとどめられ、気温上昇の悪影響は、ゼロではないものの最小限にとどめられると期待できる。

しかし、そのほかのシナリオは、大変悲観的である。たとえば、SSP3やSSP5は世界の格差が広がるシナリオで、発展途上国は貧しく教育水準も低く、人口は増加し続ける。このような社会情勢では世界全体での温暖化対策は効果を発揮するのが難しいのだ。ある程度豊かじゃないと、環境のためにお金を使うことはできない。発展途上国が貧しいままだと、二酸化炭素排出量が特に多くなる石炭などを主要なエネルギー源にせざるを得ず、温暖化が加速してしまう。このように、未来の世の中がどうなるかによって、温暖化の深刻さは大きく異なってくるのである。

https://www.nies.go.jp/whatsnew/20170221/20170221.html

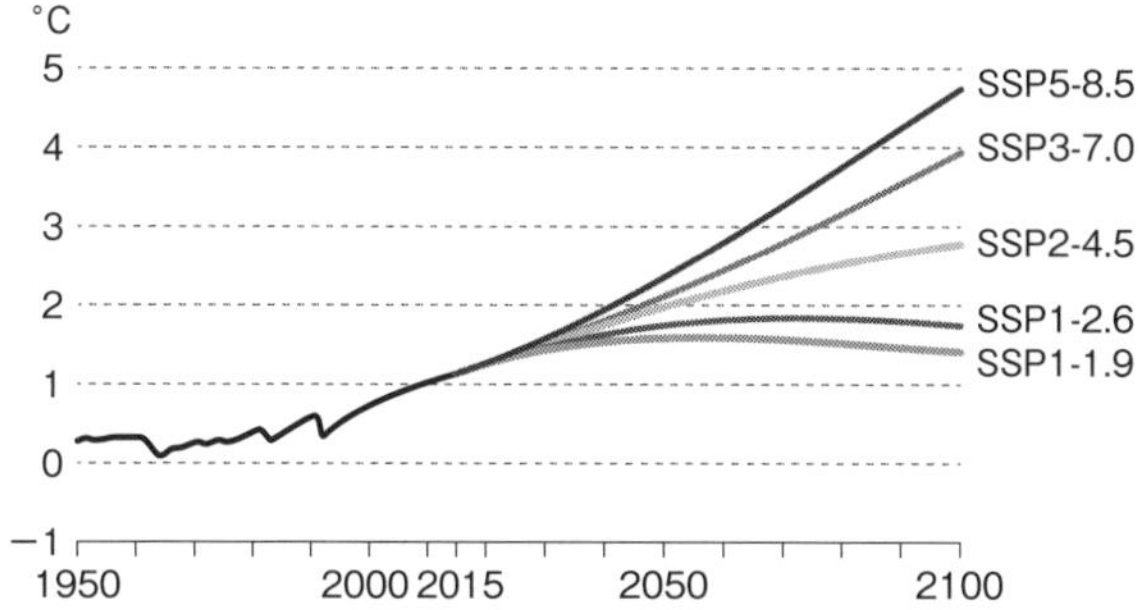

図1　1850～1900年を基準とした世界平均気温の変化。今世紀末の温暖化は、最小では1.5℃程度、最大では5℃程度と予想されている。この変化をもたらすのは、我々人類の選択だ（出典：IPCC AR6 SPMを元に作成）

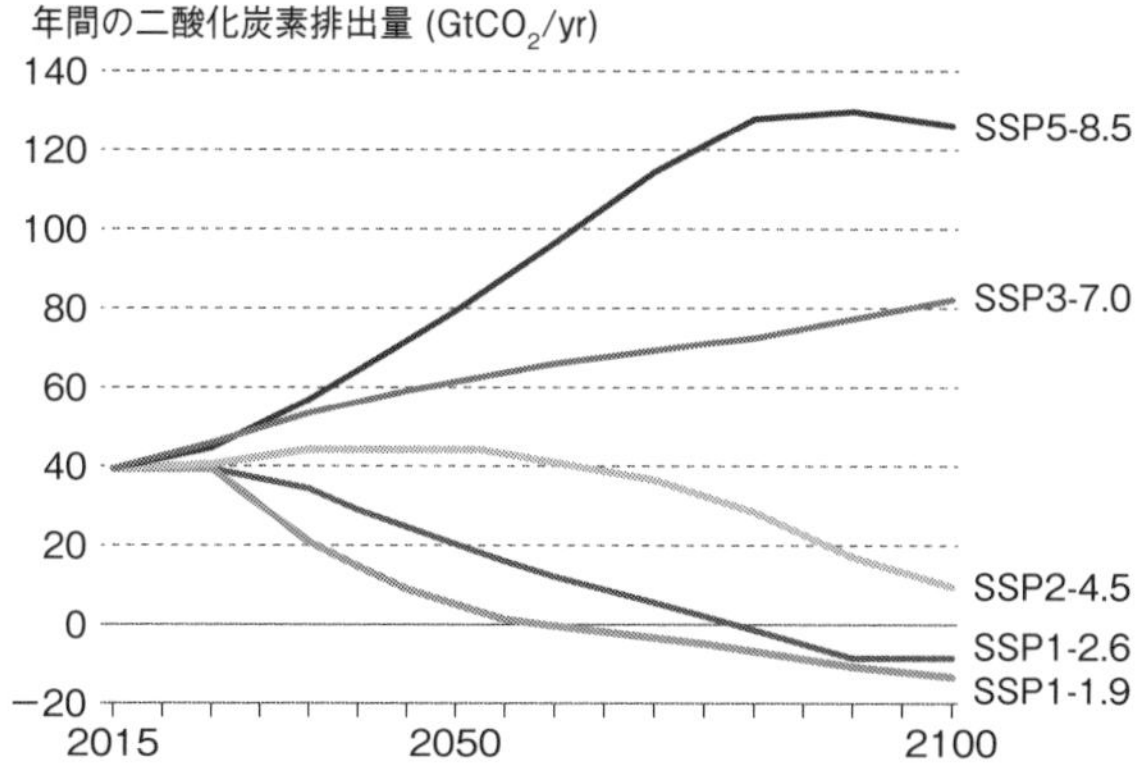

図2　図1のSSPに対応する世界の二酸化炭素排出量。（出典：IPCC AR6 SPMを元に作成）

この本では、環境科学は「学際的」な学問であることを学んでいる。温暖化の未来予想には、学際的な視野が必要とされている。ひたすら「石炭石油を使うな、使ったら高い税金をかける、罰則をきびしくする」と言うだけで温暖化は止まるものではないのだ。世界にはいろんな国があり、それぞれ事情が違う。日本のような先進国では有効なことでも、その手法が発展途上国でも使えるとは限らない。「発展途上国」という言葉があらわすように、これらの国は、なんとか先進国に追いつこうとしている。そんな国々に「石炭石油を使うな、森林伐採をするな」と命令したところで、まともな効果は生まれない。「日本やアメリカは、これまでさんざん石炭や石油を燃やして森林を伐採しまくった結果先進国になったのではないか。我が国がおなじことをするのを禁じるのは不平等だ」と言われてしまうのである。そう、発展途上国には発展する権利があり、その可能性をうばってはならない。無理やりその権利を奪おうとしても、それはできない。想像してみてほしい。読者のみなさんがいままさに飢えや病気に苦しんでいる状況だとして、果たして世界の環境を守るために逆境を甘んじて受け入れることはできるだろうか。

もし僕がそのような状況に置かれたら、がまんするのは難しいと思う。温暖化で世界の環境を破壊している罪深い先進国の人びとが快適で気楽に暮らしているのに、まずしい自分ががまんを強いられるなんてまっぴらごめんだ。暖を取るため、食べものを炊事するためにそのへんの木を切って燃やすだろう。石炭が手に入るなら喜んで燃やすだろう。絶滅危惧種の動物だって殺して食べてしまうだろう。

このように、先進国と発展途上国が分断され対立していると、発展途上国の経済はいつまでたっても中途半端なままで、だらだらと二酸化炭素を排出し続ける。これがSSP3やSSP5の示唆するものなのだ。温暖化の被害を最小限で食い止めるためには、発展途上国を発展させてあげることが重要なのである。最近の日本人は、「自己責任」とか「自助努力」という言葉をよく使う。気安く他人に頼るな、自分のことは自分でせよ、貧しいのは努力が足りないからだ、という風潮になっている気がする。僕はこのような考え方に干渉するつもりはない。ある意味当然な考え方だとも思う。しかし地球温暖化を考える際、共有地である大気に壁をつくることはできない。発展途上国の二酸化炭素排出が日本に悪影響を及ぼすことになるのだから、僕ら日本人は発展途上国に支援をすることで、自分たちの身を守る必要があるのだ。

世界の人口増加のことを考えても、発展途上国を支援することで素早く先進国の仲間入りをしてもらうことは重要だ。世界人類の人口が増えすぎて環境問題・社会問題を生んでいるという話を聞いたことがあるだろう。地球の環境収容力が一定だと考えると、それを分け合う人間の数が多くなれば、ひとりあたりの資源が少なくなるのは当然といえば当然だ。地球温暖化についても、人口が多くなるとそれだけ必要なエネルギーが増えることになる。そして現在、世界で人口増加率が特に高いのは発展途上国である。では、発展途上国の人口増加を抑えるために何をすべきだろうか。

ある人は、発展途上国を経済的に支援すれば衣食住に余裕が生まれ、どんどん子どもをつくるだろう。だから人口を抑えるためには支援してはいけない、なんてことを言いだすかもしれない。しかしこれは、まったくの逆効果なのである。人間は、紛争や貧困、飢餓や病気の蔓延《まんえん》など、不安定で困難な状況に置かれれば置かれるほど、多くの子どもをつくるという傾向にある。これは生物学的に見て、自分の遺伝子を残すための行動として当然ともいえる。一方、日本のような豊かな先進国では、少子化と人口減少が問題となっている。現代の日本では、まずしいうえに子だくさんという状況でも、家族が飢え死にするほど生活に困ることはあまりないだろう。それでも先進国の人たちは、あまり子どもをつくりたがらない。これにはいろいろな説明があるが、そのうちのひとつに、先進国は豊かで栄養状態や医療環境が整っているので、生まれた子どもはかなりの高確率で大人になるまで生存できるということがある。だからあまり子どもを増やさなくても自分の遺伝子を残せるのである。一方まずしい国では、乳幼児の死亡率は依然として高い。だから本能的に大勢の子どもをつくり、自分の遺伝子が途絶えないようにする必要があるのだ。このような人間の本能を考慮することも地球温暖化対策とかかわりがある。温暖化は、人間の性《さが》と深くかかわっているのだ。

異常気象

温暖化で、具体的にどのようなことが起こるのか。世界の平均気温が上昇することに加えて、異常気象などの極端現象の回数が増えることが予期されている（図3）。世界が本格的な産業革命に突入する前の一九世紀後半の五〇年間に発生した最も気温の高い日を、「五〇年に一度の異常気象」と定義してみよう。そうすると、地球の気温がそれから二℃上昇した場合、そのような異常気象が発生する頻度は五〇年に約一四回に上昇してしまう。以前は「五〇年に一度の異常気象」とされたことが、温暖化後は三、四年に一回のペースで生じてしまうのだ。さらに温暖化が激しくなって気温上昇が四℃となった場合は、五〇年に一度の異常気象が生じる回数は五〇年間で約三九回。ほぼ毎年のペースで異常気象が発生することになる。そうなるともはやそれは異常気象と呼ばれることもなくなるだろう。まさに地球は、これまでと違うモードの気候に入ってしまうことになるのだ。そして、このような気候の変化は、熱中症や伝染病の拡大など、これま

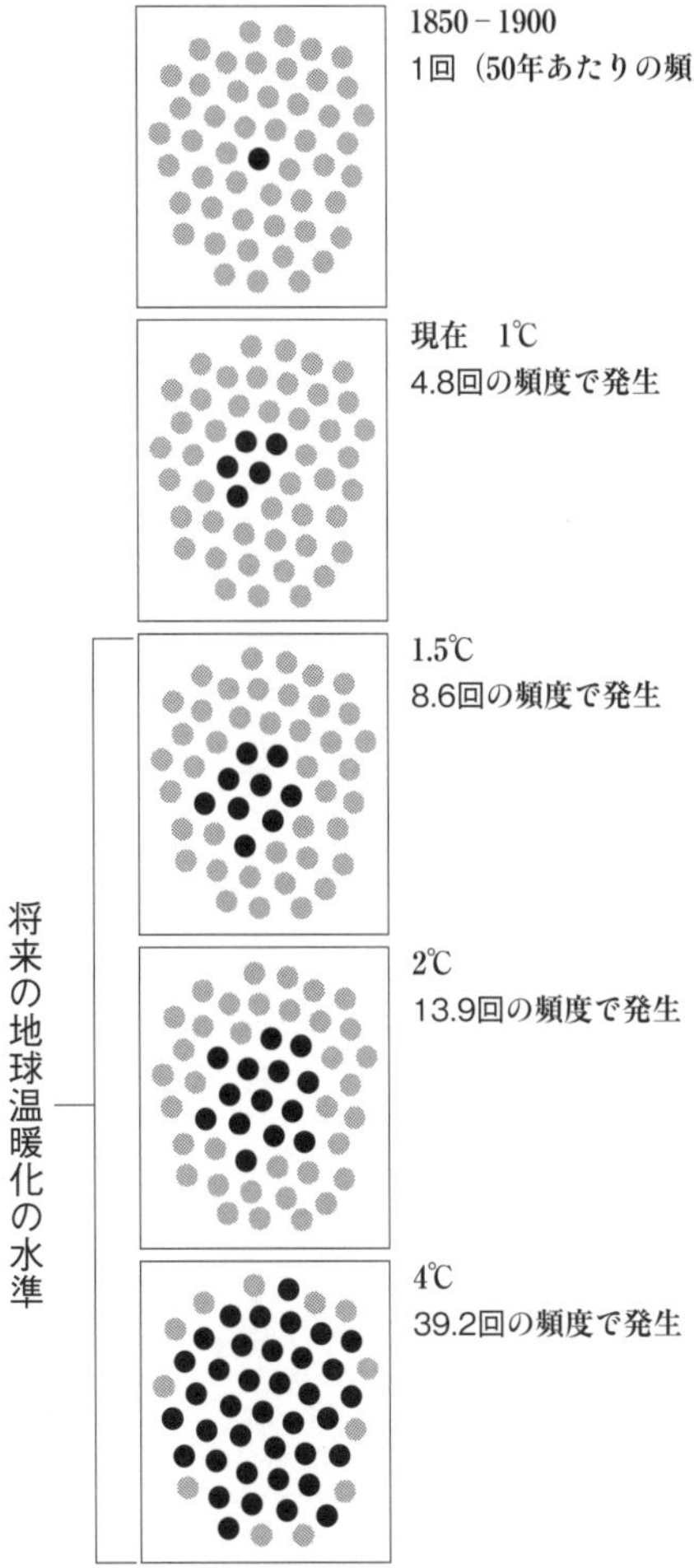

図3　陸域における極端な高温が発生する頻度の増加。産業革命の影響が本格化する前の気候では平均して50年に1回発生するような極端な高温が近年増加している（出典：IPCC AR6 SPMを元に作成）

で経験しなかった問題を人類に課すことにもつながる。

二酸化炭素が増えないように

カーボンニュートラルとは、二酸化炭素を増やしもしない、減らしもしない状態のこと。生物の活動は、基本的にカーボンニュートラルである。たとえば草食動物は、植物を食べて呼吸して二酸化炭素を排出するが、その二酸化炭素はまた植物の光合成の原料になる。だから草食動物が生きていても、地球の表層（地表面や大気など）を循環している炭素の総量に変化はない。これがカーボンニュートラルである。思えば、原始時代の人間の活動もカーボンニュートラルだった。食物となる動物や植物を狩猟・採集していた原始時代の人類は、炭素の観点から見れば単なる雑食の動物に過ぎなかった。約一万年前に最後の氷河期が終わり、人間は農耕や牧畜をはじめることとなった。しかしこれら第一次産業も、基本的にはカーボンニュートラルと言ってよいものだった。厳密にいえば農耕で森林を切りひらくことである程度の温暖化を生じさせた可能性がないわけではないが、それほど劇的なものではなかったと思われる。

人類がカーボンニュートラルから大きく逸脱したきっかけは産業革命だ。産業革命は、エネルギーの革命である。産業革命以前のエネルギーといえば、人力とか家畜とか水力とか薪とか炭とか、小規模かつ自然界にふつうに存在するものだった。今風にいえば再生可能エネルギー。それが、地中から石炭や石油という化石燃料を掘り出して燃やすことによって、それまでとは比較にならない大きさのエネルギーが利用可能となり、人類は産業革命を達成したのだった。たとえば交通手段に革命を起こした蒸気機関車、動力船、航空機などは、化石燃料に依存していた。

化石燃料はその名のとおり、太古のむかしに生息していた生物が化石になったもの。石油は水中のプランクトンの化石、石炭は陸上の植物の化石である。これらの生物は、生息当時の大気から二酸化炭素を吸収し、それを何億年も地中に閉じ込めてきたのである。そう、化石燃料は何億年も地表面の炭素循環から切り離されて存在してきたのだ。それが人間の活動によって、何億年ぶりに大気中に解き放たれることになった（燃やしてしまった化石燃料がふたたび蓄積するにはまた何千万年・何億年という時間がかかるので、これらは再生可能エネルギーではない）。

何億年も前、たとえば恐竜の生きていた時代、地球の気候はいまよりずいぶん暖かかった。その理由は複数考えられるが、その一つとして二酸化炭素濃度が高いため温室効果が高かったことがあげられる。生物はその時代から徐々に二酸化炭素を化石燃料化していって、地球の平均気温は少しずつ低下していったのだ。僕ら現生人類（ホモ・サピエンス）が誕生したのはたかだか数十万年前。人間以外の現存生物もたいていは、数十万年程度の歴史しか持っていない。そう、いま地球に生きている生物はおしなべて、二酸化炭素濃度が低くて気温が低い状況に適応しているのである（シーラカンスのように何億年も形をほとんど変えずに生き続けている生物はたいへん稀《まれ》である）。

そんなとき、いきなり人間が化石燃料を燃やして二酸化炭素濃度を上げてしまうと、たまったものではない。自然界の生物たちも、そのような環境に適応することが難しくなるだろう。僕ら人間にとっても、生物にとっても、温暖化は最小限にとどめたい。それを達成するのがパリ協定の目標である二℃の温度上昇であり、二〇五〇年までのカーボンニュートラルなのである。

二〇五〇年までに世界規模でのカーボンニュートラルを実現しなければ、パリ協定の目標である温暖化を二℃以内に抑えることがむずかしくなる。この本の読者のみなさんが、化石燃料に支えられた社会を経験する最後の世代、化石燃料から再生可能エネルギーへの転換を目撃する世代になることだろう。むしろそうならなければ、未来はたいへんなのである。

北極はどうなる?

さて、北極のことを考えてみよう。なぜいきなり北極の話題になるかというと、それは、将来の温暖化が特に強烈なのは北極地方になると予想されているからだ。図4は、地球の温度上昇のシミュレーション結果を可視化したもの。地球平均の温度上昇が一・五℃になる場合だが、南半球の海洋では温度上昇が〇・五℃以下と予想されているのに対し、北極海の温度上昇は三℃以上。このように、北極という場所は特に気温上昇の影響が高くなると考えられている。

その原因は「**フィードバック**」である。フィードバックとは、複数の原因が絡み合ってものごとに変化が生じること。具体的な例を考えてみよう。人間が排出する二酸化炭素で少し気温が上昇する。すると、北極域を覆っている雪や氷が少し融ける。雪氷に覆われている面積が小さくなるし、雪氷に閉ざされている季節も短くなる。雪氷は色が白っぽいため太陽熱を反射し、地球を冷やす効果がある。しかし、温暖化で雪氷が融けると黒っぽい地面や植物が顔を出し、太陽熱を以前より多く吸収することになる。それは北極地方のさらなる温暖化を招き、そしてさらに多くの雪氷が融けて……。こういうことがループになって、北極地方の気温は温暖化に敏感に反応するのである。

ちなみに南極地方の温暖化は、それほど強くないと予想されている。それは、南極大陸は分厚い氷床に覆われているので、少々の温暖化では地面が露出することがないからだ。一方で、北極点付近は海なので、覆われている氷は薄い。少しの温度変化で融けて

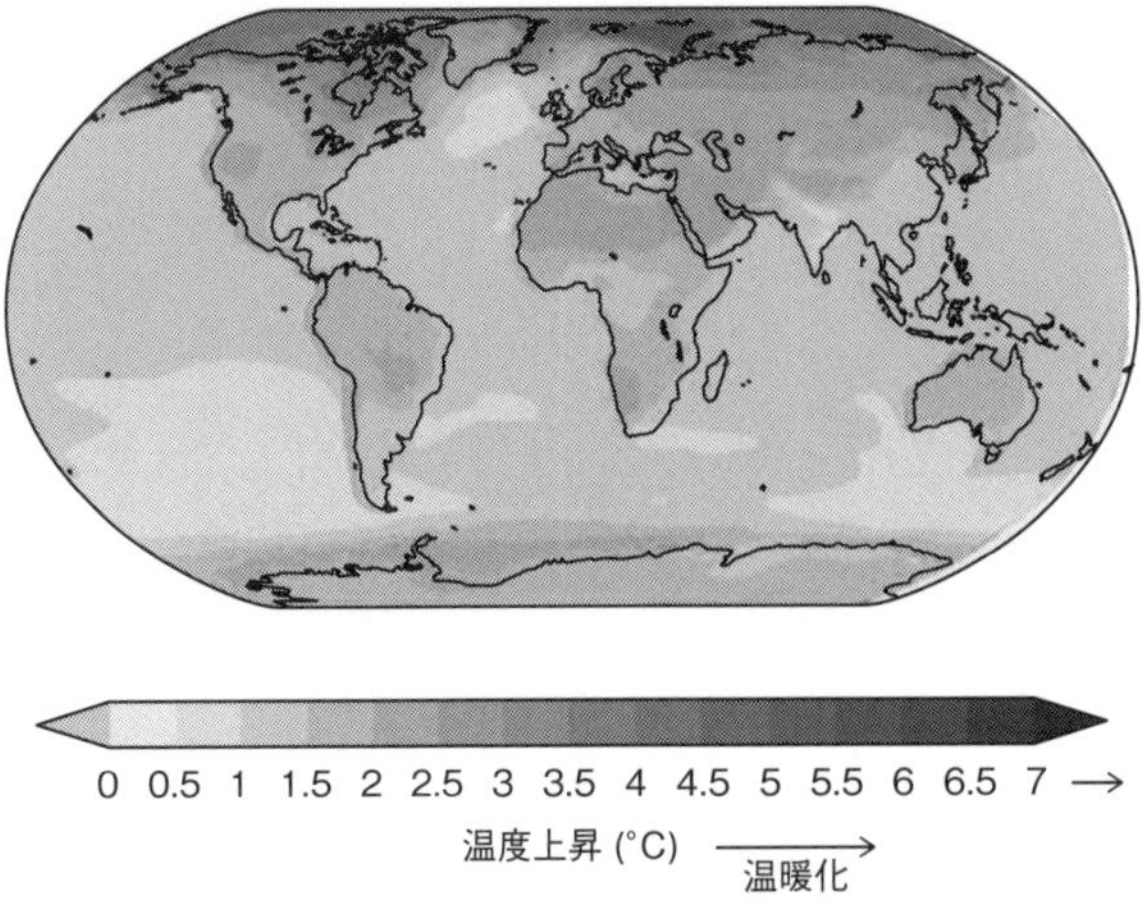

図4　地球全体の温度上昇が1.5℃のときの、場所による温暖化の程度のちがい。赤道付近から南半球にかけての温度上昇は特にマイルドだ。それに対して、北極地域の温度上昇が高いことが分かるだろう（出典：IPCC AR6 SPMを元に作成）

しまう。シベリアやアラスカなどの北極域の陸地は冬場は雪氷に覆われているが、夏場には雪氷は消えてしまう。このように、もともとの雪氷の不安定さが、北極域が特に温暖化の影響を強く受ける原因なのである。

北極地方のフィードバックには、生態系も強いかかわりをもっている。北極地方の生態系は、二酸化炭素を少しずつ吸収しているのが特徴だ。僕は学生時代、カナダの針葉樹林で研究をしていた。冬は雪と氷に閉ざされる極寒の地だけれど、夏場の気温はあんがい上昇し、三〇℃くらいになったりする。森のなかはとても暑いが、暑さに耐えかねて半袖になったりすると大量の蚊に襲われる。ひどいときは、蚊の大群におそわれている人間を遠くから見ると、飛びまわる蚊のせいで人間の形が揺らいでみえるくらいの激しさだった。

こんな感じで夏場はいっぱしの夏っぽい環境になる北極域の森だけど、日本と違うのは土のなかだった。森の土をスコップで掘っていくと、数十センチでどうしてもそれ以上掘れない部分に到達する。永久凍土だ。北極域の土のなかは夏でもとても冷たく、永久凍土が広がっている。だから、土のなかで有機物を分解する微生物の活性がとても低い。ちょうど、冷凍庫のなかでは微生物が活動できず、食品が何か月も腐らないのとおなじ状況だ。

北極の森は、夏はけっこう暑いので植物がどんどん成長して二酸化炭素を吸収する。吸収された二酸化炭素でつくられた植物の枝や葉（有機物）は、やがて枯れて地面に落ちる。しかし土のなかは夏でも寒いので微生物が有機物を分解しない。だから、北極の生態系には有機物がどんどん蓄積されていくことになる。水びたしの状態では微生物の活動は特に弱まるので、有機物は深さ何メートルにもわたって蓄積されることもある（このような有機物は泥炭とよばれる）。北極の生態系は、泥炭などの有機物を少しずつ蓄積することで、大気中の二酸化炭素を減らしている。

では、地球温暖化によって永久凍土が融けたらどうなるだろう？　冷凍庫から食品を取り出したみたいに、土のなかの有機物の温度が上がり、微生物によってどんどん分解されていくことになってしまう。すると、これまで長い年月をかけて蓄積されてきた有機物が二酸化炭素として大気中に出ていくことになり、温暖化をいっそう強めることになる。すると永久凍土の融解はさらに進み、二酸化炭素の放出もさらに増大する……。このように、生態系と気候がお互いに影響を与え合い、温暖化をどんどん加速していくのがフィードバックのおそろしいところだ。

北極の大きな変化は、わりとすぐ近くまでやってきている。このままいくと、二〇〜三〇年後には毎年夏になると北極海の氷がすべて融けてしまう、なんてことも現実になっている（図5）。そうなるとシロクマ（ホッキョクグマ）の生息域が減少し、絶滅の危機が迫ることが考えられる。ほかにも、北極地域の永久凍土が融けることで生態系にも人間の社会にも大きな影響が及ぶことが懸念されている。アラスカのデナリ国立公園でも、永久凍土がどんどん融けているらしい。二〇五〇年までにほとんどの永久凍土が消えるとの予測もある。https://natgeo.nikkeibp.co.jp/atcl/news/21/071200352/

その一方で、温暖化が北極地域の人間活動にプラスの影響を与えることもあり得る。

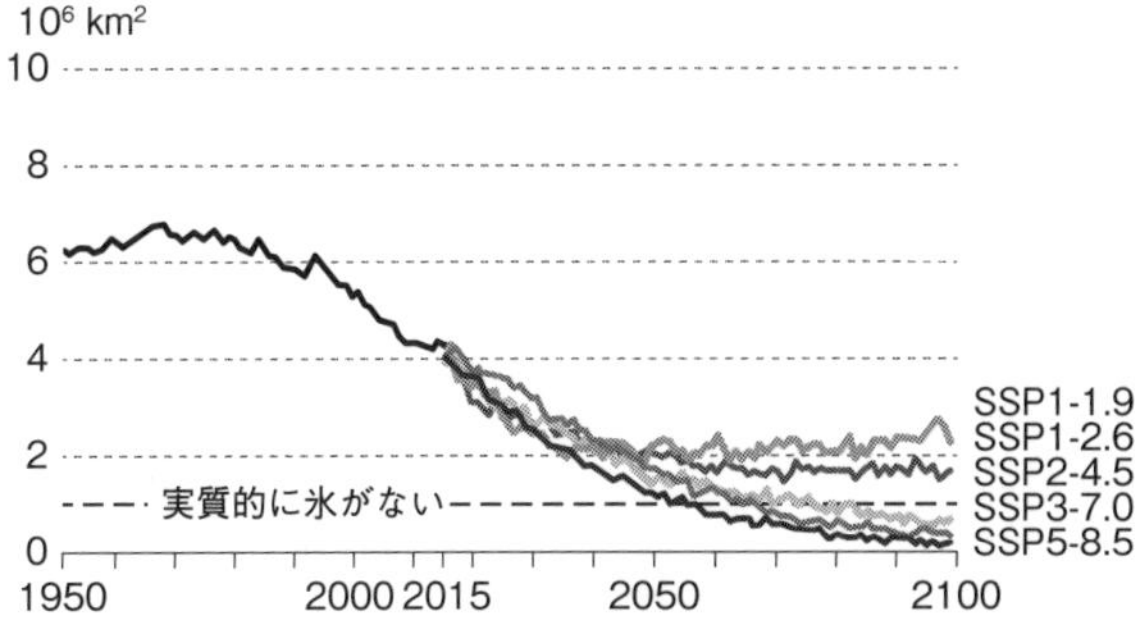

図5　温暖化対策をしっかり進めないと、夏の北極海から氷が消えてしまう（出典：IPCC AR6 SPMを元に作成）

たとえば温暖化によって、従来よりも北方まで農業や林業を行うことが可能になるだろう。北極海の氷が融けると、北太平洋から北大西洋へ向かう船の航路が開拓され、従来よりも飛躍的に短時間で荷物を運ぶことも可能になる。日本のような太平洋岸の国からヨーロッパに物を運ぶのは、スエズ運河を通ったりしてかなり時間がかかっていた。北極海が通れるようになると、時間がものすごく短縮されるのである。そうなると、船が消費してきた燃料も節約できるようになり、経済活動にとってプラスだ。しかし、北極地方の温暖化は、経済活動にマイナスの影響も及ぼす。北極地方は天然ガスの産地。天然ガスはパイプラインで輸送しているが、北極の永久凍土が融けると、パイプラインが曲がってしまって使えなくなる。これは経済活動にマイナスだ。温暖化はいろんな影響を与えるから、すべてを総合して考えることが必要になってくる。このように、温暖化の脅威にさらされている北極域は、これから世界に起こることを先取りしているともいえる。北極のことから学んで、日本のことを考えるのもわるくないだろう。

抑止と適応

たとえ話をしてみる。僕らがときとしてかかってしまう病気のことを考えてみよう。なるべく病気にかからないに越したことはない。病気にかかってから治療するのではなく、予防するのがベストということはみな同意することだろう。日ごろから節制し、心身を健康に保ち、しっかり睡眠を取り暴飲暴食をしない……。これがいちばんなことはみな分かってはいるのだが、それでも病気にかかるときはかかる。もしも病気にかかってしまったら、症状が悪化する前にできるだけ早く治療して根治するのが大事だ。たとえば、虫歯にならないように日ごろからしっかりと歯磨きをする。それでももし虫歯になってしまったら、できるだけ早く歯医者さんに行って治療してもらう。そうしないと、自分の歯を失うという深刻な結果になりかねない。

ベストなのは、問題が起こらないように事前に予防すること。もし問題が発生してしまったら、初期症状のうちにしっかりと対応し、解決すること。しかし、このどちらもうまくいかなかったとき、僕らはどうしたらよいだろうか。完治できない病気にかかってしまったら。たとえば、虫歯が悪化して歯を失ってしまったら（残念ながら人間の歯は、サメなどと違ってふたたび生えてくることはない）。そんなとき僕らは、病気や症状と「一生付き合っていく」という表現をする。たとえ根治は無理でも、病気の影響を最小限に抑えるために定期的に薬を飲んだり通院したりするのだ。歯を失った人は義歯を入れたりする。

この考え方は環境問題についても同様だ。ベストなのは、環境問題が起こらないように事前に予防すること。もし環境問題が発生してしまったら、初期症状のうちにしっかりと対応し、解決すること。しかし残念ながら、温暖化はたいへん深刻である。温暖化の発生を予防することは無理だ。温暖化を「完治」して、産業革命前の状況に戻すことも無理だ。「地球温暖化を止めよう！」というスローガンをよく聞くけれど、もうそれはむずかしい。現実的なことを言うと、「地球温暖化を『最小限に』止《とど》めよう！」ということになる。

ＩＰＣＣ報告書にあるように、僕ら人類は、すごくがんばれば温暖化を一・五℃や二℃に抑えることができる。これからも環境に配慮しなければ、温暖化は五℃を超えてしまうことも考えられる。だから、未来のためになるべく温暖化を最小限にしようと僕らはがんばっているのである。

もっとも理想的とされているシナリオでも、一・五℃や二℃程度の温暖化は覚悟しなければならない。この程度の温暖化でも、自然災害や農業など人類に与える影響はかなり大きいことだろう。自然界の生きものたちに与える影響もまた大きい。だから僕らは、温暖化を最小限に食い止めるためにがんばると同時に、ある程度の温暖化を予期して、そのための対策を考えなければならない。これが、温暖化後の世界に適応するという考え方である。たとえば、温暖化が進むと集中豪雨や高潮などの自然災害は激甚化することが予期されるので、従来よりも河川や海岸の堤防を高く強固にするなどの対応も考えられる。

交通事故で人命が失われないようにするため、自動車メーカーはアクティブセーフティとパッシブセーフティを考えている。アクティブセーフティは、事故を起こさないためにできること。たとえば最近普及が進んでいる自動ブレーキがそうだ。運転手がたとえ居眠りしていたとしても車が自動的にブレーキをかけてくれたら事故を予防できる。しかし、それでもなお事故はゼロにはならないので、車には乗員や歩行者を保護するためにエアバッグが装備されている。このように事故が起こってしまったときに被害を最小限に食い止める手段がパッシブセーフティだ。

もしも自動車会社の技術者が「うちの自動ブレーキは百パーセント信用できるから事故は絶対に起きない。だからエアバッグは必要ない」なんて言い出したらどうだろう。その情熱はすばらしいけど、とてもあぶなっかしい。安全対策は、何重にもすべきなのだ。第一段階で防げなかった事故は、第二段階で深刻化を防ぐことが大事である。温暖化もこのように、温暖化を起こさないのがいちばんだけど、温暖化した世界に対する適応を考えることも重要だ。しかし日本では、温暖化抑止のための議論は多いけど、適応について考える機会が少ない気がする。温暖化対策には、やはりバランスが大事だと思う。

第五章　未来を予測して対策する

第四章では、地球温暖化で起こる未来のことを考えてきた。しかし、もしかしたら読者のみなさんは、なんとなく不思議な感覚を抱えたまま、読んだかもしれない。それはもしかしたら、地球温暖化ってほんとに起こることなの？　そもそもなんで未来のことが分かるの？　科学者はなんで未来を見てきたかのように自信を持って話すの？　という疑問なのかもしれない。この章では、科学者たちが行っている未来予測の研究について考えてみよう。その後、温暖化対策について考えることにしよう。

将来予測の考え方

環境問題について考えるときは、未来の予測がつきものになる。未来予測は、いま僕らがどのように行動したら未来はどうなるか、ということを教えてくれる。それは、未来をのぞく望遠鏡のようなもの。現代に生きる僕らの行動が、将来どんな影響を及ぼすのか。仏教の教えでは因果応報という考え方があるけれど、科学による未来予測も意味合いは共通していて、僕らの行動が将来どのような影響を招くか考えること。これにより、「いま環境にわるいことをしたら、こんなわるい未来が待ってますよ」というのを市民に示すことができる。そのむかし、お寺のお坊さんは「わるいことをしたら地獄に落ちますよ」と説法を行い、説得力を増すために地獄の情景を描いた絵を用いたりした。現代の科学者は、未来予測のシミュレーションを行い、その結果をコンピュータグラフィックスで可視化する。やっていることはお坊さんも科学者もおなじだ。僕らの前には行動の選択肢がある。僕らひとりひとりが未来を見据えて自分のすべきことを決めるための情報提供をしているのである。

未来予測について、大事な事実がある。科学者はいまだにタイムマシンの開発に成功していない。だから、未来を予測しても、それが正解かどうか厳密な意味では確かめようがないのだ。「そんな不確かなものは信じられない」「未来を完璧に予測するのは不可能だから、未来予測なんてする価値ないよ」なんて言う人もいる。しかし、たとえ不完全であっても、未来を予測することにはそれなりの価値があると思う。

とても身近な未来予測の例として、天気予報がある。天気予報のおかげで、僕らは雨を予期して傘を持ち歩いたりして、ずぶぬれになるのを避けることができる。確かに天気予報には実用的な価値があるだろう。しかし、天気予報はいつでも確実に当たるわけではない。朝の天気予報ではいい天気だと言っていたのに、夕方になって雨に降られたなどの経験は、みんな持っていることだろう。天気予報は、当たることもあるが外れることもある。たとえ外れることがあっても、「ないよりはずっとまし」ということには、きっとみんな同意してくれることだろう。

天気予報で明日の最高気温が三〇℃といわれても、実際には三一℃だったり、二九℃だったりすることも多い。しかし、三〇℃の予報なのに実際には二〇℃、なんてことはほとんどないだろう。未来の予測は、「だいたいこの範囲」というのを教えてくれる。

その範囲の近くでずれることは多々あるけど、大きくずれることはそんなにないだろう。地球温暖化など環境問題に関する未来予測も、天気予報と似たようなものである。未来予測は、しないよりはしたほうが「ずっとまし」。予測があるからこそ、僕らは未来のために、いま行動を変えることができる。雨の天気予報に接したら傘をかばんにいれるみたいに、将来の温暖化予測に接したとき、いま行動を変えることが可能なのだ。

信頼区間とは

科学的な予測は、どのように行われているだろうか。それを知るには、統計学という学問に触れることが重要だ。日常生活をふつうに送っているとあまり触れることのない考え方に、「信頼区間」というものがある。たとえば、「二〇五〇年の気温上昇は（産業革命前とくらべて）一・五℃になるだろう」という予測があったとする。これに信頼区間の考え方を加えると、「二〇五〇年の気温上昇は一・三℃から一・七℃の間に入る可能性は九〇％」のような表現になるのだ。うーん、確かにこの表現はまどろっこしい。

直感的に理解しづらいのは確かだ。日常生活では、「気温上昇は『およそ』一・五℃」みたいな表現をするところだ。

しかし、単に「およそ」と言ったのでは、それがどのくらいの範囲を表すのか個人差が生まれてしまう。ある人は、およそ一・五℃とは一・四から一・六の範囲内と考えるかもしれない。別の人は一℃から二℃の間ならOK、なんておおざっぱな考え方を持つかもしれない。解釈に個人差が生まれるような表現では、客観的に考えることはむずかしい。特に地球温暖化は、全世界で何兆円という天文学的な予算が動く大問題である。みんなの行動の根拠として、しっかりと数字で信頼区間を出すことが大事なのだ。

信頼区間で表現することができて、科学者は大いに助かっている。厳密な未来予測なんてそもそも不可能だからだ。温暖化をぴったり一・五〇℃と言い切ってしまったら、実際には一・五一℃だったとき、その予測は失敗、価値なし、ゼロ点、なんて評価を受けてしまう。それは科学者にとってとても残酷な話で、そんな仕打ちが待ってるなら、未来予測なんて怖くてできない気がする。

科学者は、自分のわかっていること、わかっていないことを素直に表現することが許されている。科学者は、決して完璧な人間じゃない。ぶっちゃけ、世間で思ってるほど飛びぬけて頭が良いわけじゃない気がする（頭が良いに越したことはないけど……）。それでも研究をやって、その結果を発表できるのは、信頼区間のような科学のお作法が存在するからだ。研究成果にまだまだ不確実なことが多いと信頼区間は広くなり、確実性が高まってくると信頼区間は狭くなる。もちろん信頼区間を少しでも狭めるために科学者は努力している。

図6は、地球温暖化に影響を与えるさまざまな要素をまとめたものだ。真ん中の縦線がゼロのラインで、ここより右側にグラフが出ているものは、地球温暖化を促進する要素。左側は抑制する要素である。地球の気候は複雑で、さまざまな要素の影響を受けていることが分かるだろう。この図を見て気づいたかもしれない。それぞれの要素の大きさを表す濃いグレーや薄いグレーの棒グラフだけじゃなく、それぞれの棒に黒の実線が付随していることに。これがまさに、いま話題にしている信頼区間を表しているのだ。

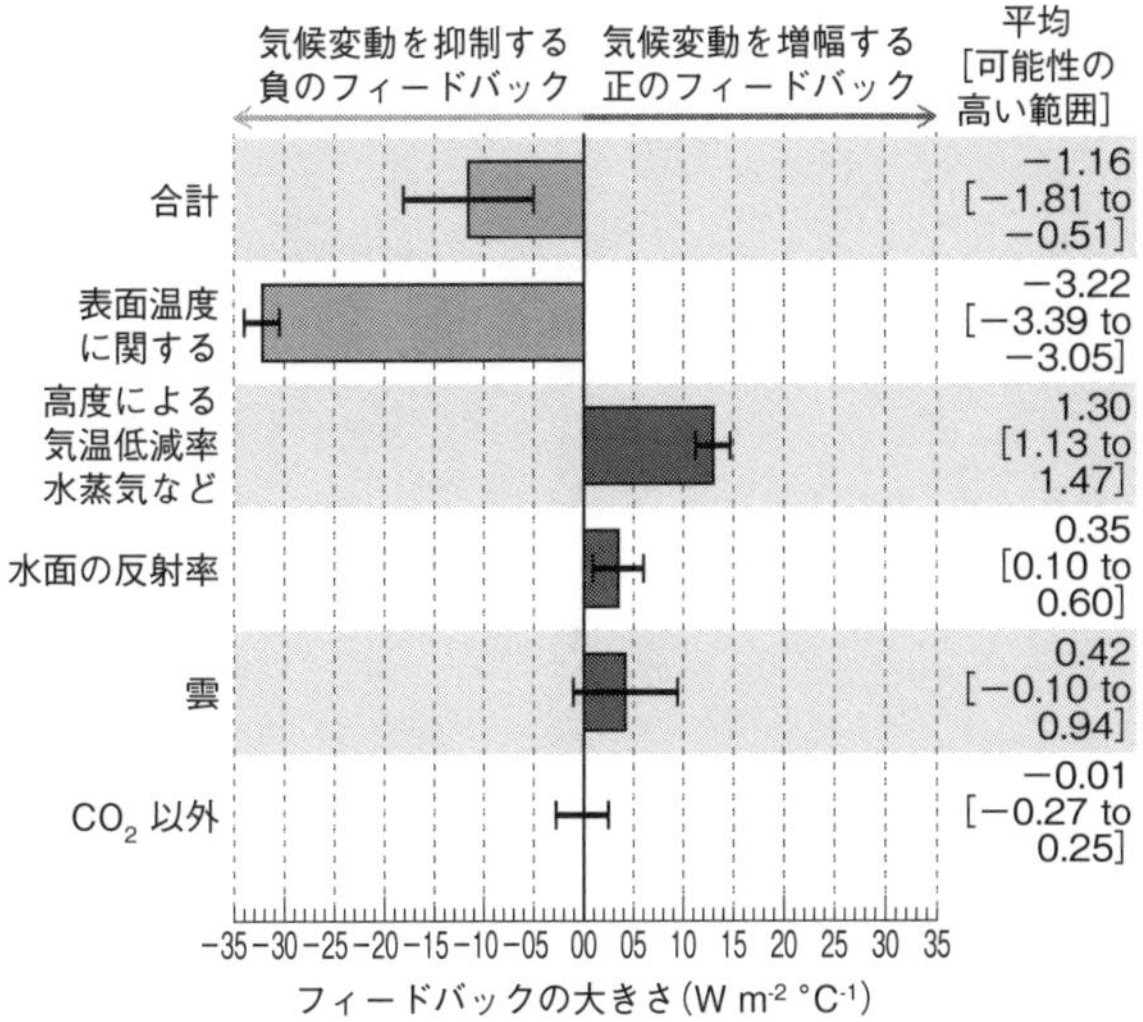

図6　気候システムに存在するフィードバック（出典：IPCC AR6 SPM を元に作成）

たとえば雲について。雲は直射日光を遮る。遮られた日光は地球の表面に届かず、宇宙空間に跳ね返されていく。だから曇りの日はあまり気温が上がらないのであり、僕らはそれを日常的に実感している（ちなみに、夜曇っていると、昼間温められた地面の熱が宇宙空間に逃げていきにくいので、晴れた夜よりも気温は下がりにくい。さらに言うと、雲が発生する高さによっても、温暖化を強める効果・弱める効果のバランスが変化する）。では、温暖化によって、世界の雲の量が今より増えるだろうか、減るだろうか。もしも増えるとしたら、日光を跳ね返す効果が強まり、温暖化は抑制される。逆に減るようなら、温暖化は増強される。この効果を予測したものが、この図なのである。ご覧のとおり、雲の効果についての信頼区間は、とても幅広い。これは研究者によって使っているデータや考え方が違うからで、学者たちの意見の一致が進んでいないことを意味している。たぶん雲の量の変化は温暖化を強めるほうに働くけど、もしかしたら弱めることになるかもしれない。信頼区間がゼロをまたいでいるというのは、そういうことだ。このように、信頼区間という考え方を知ることで、科学者の理解がどのくらい進んでいるか、しっかりと伝達することができる。このような知識を一般の方に持ってもらうことで、科学コミュニケーションが進むといいなと思う。

ちなみにこの信頼区間という考え方、学校でも教えたらいいのに、なんて思ったりもする。僕らは、小学生のとき掛け算の筆算のテストを受けると、一・五二四だったら満点、一・五二三だったらゼロ点、みたいな教育を受けてきた。これが理系離れを招いているのかもしれない。ほんとうの理系の世界は、「ぴったり正解じゃなくてもだいたいOK」みたいなものが許されている。

ジオエンジニアリングという「奥の手」

温暖化対策について、とても乱暴な話をしてみよう。地球温暖化を止める簡単な方法は、実は存在する。ロケットを飛ばして、地球を取り巻く宇宙空間にアルミ箔《はく》を大量にまき散らしたらどうなるか。アルミ箔は太陽光線を反射するので、地球に届く日光が減る。アルミ箔の量によって、どのくらい日光を減らすか調整することも可能だ。この手法を使えば、気温を好きなだけ下げることができる。

しかし、読者のみなさんももうお気づきと思う。これは荒唐無稽な話であり、安易な考えで実際にこれを実行することはないはず。アルミ箔をまくことは簡単だけど、それを回収することはできるのか。想定以上に気温が下がったときにどうするのか。狙ったように気温が下がったとしても、予期していない変化が発生し、温暖化よりももっと深刻な問題が発生しないだろうか。このような懸念がたくさん出てくるから、おもしろい発想でもそれを実施するのはためらわれるのである。ただ、このような考え方を学ぶのは有意義だと思う。地球温暖化を止める方法として提唱されているものには複数あり、それぞれのメリット・デメリットを理解することで対策が立てやすくなる。

ちなみに、科学技術を使って地球を「改造」してしまおうという考え方を**ジオエンジニアリング**という。宇宙空間にアルミ箔をまくのもそのひとつ。それ以外にも、工場の煙突の排気ガスから二酸化炭素を効率的に取り出し、それを地中深くに埋めてしまおう、という考え方もある。これを炭素回収・貯留（carbon capture and storage, CCSと略す）

という。もしもＣＣＳが実現すれば、地球温暖化を気にせずにガンガン化石燃料を燃やすことが可能になる（化石燃料の枯渇は、また別の大事な問題だけど）。さらにいえば、大気中から二酸化炭素を効率的に吸収できるようになれば、人間活動で排出する以上の二酸化炭素を吸収することまで可能かもしれない。これが実現したら、大気中の二酸化炭素濃度を人間がコントロールできるようになる。ただし、地中に二酸化炭素を埋めることについての不安はつきまとう。もしも、地震などの影響で二酸化炭素が漏れ出したらどうなる？　回収しきれない大量の二酸化炭素が一気に排出され、地球や人類は壊滅的な打撃を受けるかもしれない。あるいは、地中に何かを埋めるという行為自体が、地盤を不安定化させ地震を誘発するかもしれない。このようなわけで、期待の持てる考え方ではあるけれど、ジオエンジニアリングの実施には慎重にならなければならない。

しかし、温暖化対策はまったなしである。というか、気温上昇を一・五℃以内に抑えるという目標達成のためには、もうすでに手遅れ気味なのである。いまからがんばって世界の産業がカーボンニュートラルを達成したとしても、それまでの過渡期に排出される二酸化炭素のせいで、気温上昇は一・五℃を超えてしまう危険性はかなりある。そんなときに注目されるのがＣＣＳである。ＣＣＳが実用化されれば、大気中の二酸化炭素濃度を下げることが可能。カーボンニュートラルは、完璧な場合でも人間活動による炭素排出がゼロになるだけ。しかしＣＣＳを使えば、炭素排出がマイナスになる、つまり人間活動が炭素を回収することになりうる。そう考えると、ＣＣＳは僕たちに残された「奥の手」のようなものなのかもしれない。近年では、ＣＣＳを積極的に研究して実用化しようという気運が高まっている。たとえばマイクロソフト社は、ＣＣＳを早期に実用化して、二〇三〇年までに自社の経済活動による温暖化をゼロにしようというプランを表明している（https://blogs.microsoft.com/blog/2020/01/16/microsoft-will-be-carbon-negative-by-2030/）。これにナイキやスターバックスなどの有名企業も賛同し、産業界にムーブメントを起こそうとしている。

ＣＣＳと似たような技術として、炭素回収・利用（carbon capture and utilization, ＣＣ

Uと略す）というのもある。煙突の排気ガスなどから二酸化炭素を取り出すところまではCCSとおなじ。CCUの場合は、回収された二酸化炭素をメタンなどの物質に変換し、その物質を燃料などとして再利用するという仕組みになる。これが実現すると、工場がつかう燃料中の炭素が回収され、次の燃料として使われることになり、大気中に炭素が出て行かなくて済むようになる。これで大気中の二酸化炭素濃度を増やさずに文明社会を維持できるという考え方だ。

しかしこれには、エネルギー的なコストが伴うことを忘れてはならない。メタンが燃料だとすると、二酸化炭素は燃えカスみたいなもの。燃えカスから燃料を単純に再生することは不可能だ。二酸化炭素をメタンに戻すにはエネルギーが必要である。もしそのエネルギーが、太陽光発電などの再生可能エネルギーでまかなわれるとすると、理論上は温暖化の抑制に貢献できることになるのだ。

ジオエンジニアリングは、日光を反射させるものや炭素を隔離するものが代表的だが、生物のはたらきを利用するものもある。思えば太古のむかし、海でプランクトンが生まれ、成長し、死んで海底に降り積もり、やがて長い年月を経て石油などの化石燃料ができたのである。このようにプランクトンは、少しずつ地球表面の炭素を回収して地層のなかに取り込む性質を持っている。この性質を人工的に増大させてやれば、大気中の二酸化炭素濃度を減らすことができるかもしれない。海のプランクトンをどんどん増殖させるにはどうしたらよいだろう。光合成には、水と日光と栄養分が必要だ。海には、水はいくらでもある。日光は、海面付近ならたくさん降り注いでいる。問題は栄養分だ。現在、海で光合成がさかんに行われているのは、河口付近や湧昇流《ゆうしょうりゅう》（深海から海面に向かう流れ）など、栄養分の豊富な水が流れ込んでくる水域である（ちなみに深海の水は栄養分が豊富だが、日光が届かないので光合成ができない。その豊かな水を日光の得られる海面まで届ける湧昇流のはたらきは偉大なのである）。そこで、海に鉄分・リン・窒素など、不足している栄養分を投入することでプランクトンを大量発生させ、その死骸が海底に沈むことで炭素を固定するというアイデアもある。ただしこれはアイデア止まりであり、実行のためにはいろんな不安の解消が必要である。

リスクヘッジの重要性

ひとつのものに頼り切ってしまうと、それがダメになったときのダメージが大きい。これは投資でもそう。いろんなタイプの会社に投資しておけば、一社が業績不振に陥っても、ほかの会社が儲《もう》かれば損失をカバーできる。このように、多様な会社や業種に分散投資することを**リスクヘッジ**という。ちなみに、生物が有性生殖するのも似たような理由による。有性生殖のメリットは、子孫に多様性が生まれること。一卵性双生児じゃないかぎり、人間の兄弟はみなどこか違っている。このような多様性があると、将来環境が変わったときでも子孫は全滅せず、誰かが生きのびて遺伝子を受け継いでくれるのだ。

リスクヘッジの考え方は、温暖化対策にも生かされる。たとえば電力。日本ではかつて、原子力発電は安全で温暖化対策にも有効といううたい文句で力を入れていたが、突如として安全神話がくずれた。そんなとき、日本には火力や水力などいろんな発電方式があったから、なんとか大規模停電を最小限にして危機を乗り越えることができた。もしも日本の発電方式がすべて原子力だったら、なんて考えるだけでも恐ろしいことだ。人間の知識や技術や予知能力には限界がある。事故が起こる前は単純に「原子力がベストだから原子力オンリーでいいじゃん」なんて考えていても、予期しないことは生じる。僕らは不測の未来に備えるべきで、これがリスクヘッジだ。発電方式の多様性とミックスがトラブルを最小限に食い止めてくれるのである。化石燃料を使わない再生可能エネルギーには、風力発電、水力発電、太陽光発電など複数の種類がある。リスクヘッジをおこなって、これらの発電方式をバランスよく組み合わせることで、安定した温暖化対策が可能になる。

最近読んだニュースに「マンモスとゾウのハイブリッド作成計画、米で始動、気候変動対策」というのがあった。いったいどういうことか。絶滅したマンモスはゾウのなかまで、シベリアなど寒い地域に生息した巨大な草食動物である。一方、現存するゾウが自然に分布しているのは熱帯や亜熱帯など暖かい地域である。最近の研究で分かったのは、マンモスと現存するアジアゾウは遺伝子の九九%以上おなじだということ。だとすれば現代の最先端の遺伝子技術を使ってマンモスの遺伝子を取り出してアジアゾウに組み込むことが可能ではないか。こうして生まれたゾウは寒さに強いことだろう。そしてそれをシベリアのツンドラ地帯に解き放つのだ。巨体を持つ草食動物であるゾウが草を食べ、フンをし、地面を踏み固めることで、永久凍土の融解を止めることが理論上は可能だという。https://natgeo.nikkeibp.co.jp/atcl/news/21/091500454/?P=1

これはさすがに実現の可能性は低いが、だからといって一笑に付してしまうのはもったいない。不確実な世の中では、未来に何が起こるか分からない。だから僕らは、一見実現が無理っぽいアイデアでも捨ててしまわずに、こころの片隅に残しておくのがリスクヘッジを考慮した温暖化対策なのである。

第六章　幻想を捨てて学ぼう——環境対策のこころがまえ

環境問題に関心を持つ人は、こころやさしく純粋で、自分のためじゃなくて他人のため、地球のために行動するというステキなこころを持った人だと思う。しかしそれゆえにこそ、おちいりがちな落とし穴がいくつも空いていると僕は思っている。この章では、環境問題が「うまくいく」ために役立つ考え方について学んでみよう。ちなみにこれは、僕自身がこれまでに落とし穴に落ちた経験だったり、市民との対話のなかで感じたことだったり、実体験にもとづいていたりする。

相対的に考えて理想を追求しすぎないこと

完璧を求める人は、一〇〇点じゃないとダメと思い込んでしまって自分を責めたり、他人の仕事にケチをつけたりしてしまう。一〇〇点を追求するような考え方がプラスになる仕事も世界にはいろいろあると思うけれど、こと環境問題に関しては、ある意味ルーズさや適当さ、図太さが必要とされているように思う。もう少しマシな表現をすれば、細部にとらわれずに全体を俯瞰《ふかん》できる感覚が必要ともいえる。

化石燃料（石炭・石油・天然ガス）に依存した文明社会が地球温暖化を生んでいる。その対策として、再生可能エネルギーの実用化がはじまっている。風力発電や太陽光発電など、自然界のエネルギーを電力に変換することで、化石燃料に頼らずに文明社会にエネルギーを供給することができるのだ。しかし、再生可能エネルギーは万能ではない。一〇〇点満点ではない。たとえば風力発電だけで地球温暖化を解決することはできない。風は、人間が吹いてほしいタイミングで吹くとはかぎらないからだ。

風力発電の巨大な装置の高速で回転する羽根に鳥がぶつかって死んでしまう「バードストライク」という問題も懸念されている。風力発電装置は、風が強く吹く海沿いの山の尾根などに多くつくられる。そういった場所は渡り鳥の飛行ルートにあたることも多く、鳥に対する被害が生じてしまうのだ。

アメリカ・ネバダ州の砂漠地帯で見かけた風力発電の風車。どうやらここは強い風の通り道のようだ

何の罪もない鳥が死んでしまうのはかわいそうだ。なので風力発電は全面廃止しよう。そんなことを言う人がいるかもしれない。生物学者である僕も、その気持ちはよく分かる。人間のエゴのために動物が死ぬというのは悲しいし、恥ずかしい気持ちになる。そもそも自然を守りたくて研究者になった僕なんだから、鳥が死ぬのが分かってる装置の普及を進めるのはこころが痛むのである。

しかし、個人的な感情はグッとこらえて、問題を俯瞰して考えるのが重要だ。バードストライクというデメリットから目を背けてはならないが、それと同時に風力発電のメリットも客観的に評価すべきだ。メリットとデメリットを総合して、風力発電をどうするか考えなければならない。風力発電のメリットがある程度大きければ、バードストライクがゼロじゃなくても普及を進めるという決定もあり得る。これって嫌な言い方をすれば、鳥の命に値段をつけているようなものだ。それは環境保護や動物愛護の精神を持った方にとってはある意味タブーかもしれないが、思考停止してしまってはいけない。それをやらないと前に進めないのである。

落ち着いて考えてみよう。社会に目を向けると、鳥だけじゃなくて人間の命にも値段がつけられていることに気づくだろう。たとえば、すべての交差点に信号機が設置されていたら交通事故で失われる人命は少なくなるだろうけど、現実にはそうなっていない。あるいは、一般人の車の運転を禁止してしまえば、交通事故死はほとんどなくなるだろう。しかし現実にはそうなっていない。「人間ひとりの命は地球より重い」なんて考え方もあるけれど、それはきれいごとだ。現実の社会では、車を使う便利さというメリットと、交通事故というデメリットのバランスでルールが決められている。それを理解したうえで、政治家や警察はなるべく交通事故を減らすための努力をしているのである。同様にバードストライクの例でも、できるだけ鳥の事故を減らすための努力が必要だろう。しかし、鳥の事故がゼロになることは今後もないだろう。一羽でも死んでしまったら風力発電を見限るというのではなく、どこで折り合いをつけるか検討が必要だ。そのためには、「環境を守るために○○反対」という主張をする人も、交渉のテーブルにつかなければいけない（鳥が一羽でも死ぬようなら風力発電ゼロにするべき、なんて主張では交渉のテーブルにつくことすらできない)。

この本は環境保全のための本のはずなのに、なんだか僕は、純粋な気持ちで環境保全を考えている人をたしなめて、政治や経済のほうに引っ張っているように見えるかもしれない。「政治や経済をぶっつぶして環境を守ろう!」なんて威勢のいいスローガンを期待した読者がいたとしたら、ほんと申し訳ない。ただ単に自己満足と陶酔感に浸りたいなら、世間を悪に見立てて対立するのもわるくないだろう。しかしほんとうに実効性のある環境保全をやりたいなら、政治や経済の立場にも立って落としどころを探さなければいけないと切に思うのである。僕のこういう姿勢は、見ようによっては中途半端でどっちつかず。急進的な環境保全活動家からは裏切り者のように見られ、ビジネスの世界からは経済発展の邪魔者のように扱われる。まったくもって損な役回りで、これが報われることは一生ないかもしれないけど、そういう役回りの人は確かに必要なんだ。

物事は相対的で、バランスを取るというのが大事。この世に完璧なものなんてないから、何かを批判しようと思えばいくらでもできる。「出る杭《くい》は打たれる」的に、環境保全をがんばろうとすればするほど風当たりが強まるのだ。批判する前に考えてほしい。一〇〇点にならなくても、四〇点を六〇点にするための努力を僕らは評価すべきだ。若者は完璧を求めがち。一〇〇点取れなきゃ〇点でいいや、と思いがち。でもそんなふうに簡単にあきらめるのは残念だ。環境問題では、どんなにがんばっても一〇〇点を取ることは不可能。逆説的だが、一〇〇点を取れない弱さを認めることが強さだと思う。一〇〇点は取れないけど、五〇点でも〇点よりはまし。五〇点を六〇点にすれば、さらにましになる。六〇点は不十分な点数だ。批判しようと思えば、四〇点分のまちがいがあるのだからいくらでも批判できる。それにめげない精神的なタフさが求められている。

受験勉強をがんばって志望校に合格したら一〇〇点満点でバラ色の人生。志望校に落ちたら自分は〇点で無価値で生きる意味がない。こんなふうに考えてはいけない。これはみんなの人生でもそうだし、環境問題でもそうだ（世界の一流大学を出てたって人生はバラ色からほど遠かったりする）。

批判的思考

環境問題については、いろんな人がいろんなことを言う。テレビのコメンテーターとか、学校の先生とか、ネット上の匿名の人とか。彼らはそれなりに権威を持ってたり説得力を持ってたりするかもしれない。環境問題は身近なことであるがゆえに、いろんな立場の人が語る。そして人によって言ってることが違う。そんなとき僕らは、人によって言うことが違うなら、真実はないんじゃないか、どうせわからないことなら対策なんてできないんじゃないか、なんて疑問が頭から離れなくなってしまうかもしれない。百家争鳴のいまだからこそ、批判的思考（英語ではcritical thinking）と呼ばれる考え方を身につけることが大事だと思う。

何が正解かはっきりしない環境科学において批判的思考を働かせるために、僕らが学校で学んできた知識は役に立つ。教科書に書いてあることにもたまには間違いはあるけれど、まあ大半は信頼できる。もしもなんらかの説が、教科書の知識と明らかに対立するようであれば、その説を信じるのをいったん保留しておいたほうがいいだろう。

世の中のニュースに注意を払っておくのもとても大事だ。二〇二一年秋、日本出身の真鍋淑郎《まなべしゅくろう》さんらがノーベル物理学賞を受賞した。授賞理由は、コンピュータシミュレーションで地球温暖化を研究したことだ。いまから半世紀前、まだまだコンピュータの性能が低かったときに、地球全体の気候と温室効果ガスの関係性について、物理学の法則にもとづいてシミュレーションしたのである。これはＩＰＣＣが取りまとめている将来予測の手法の草分け的存在だ。

インターネットで地球温暖化について調べると、「温暖化なんてウソだ」と唱える説、いわゆる懐疑論が見つかったりする。そのような議論では、教科書に書いてあることは間違いで、誰かが世の中をだますために考えたウソが地球温暖化だ、なんて断言してたりする。そんなとき、真鍋さんのノーベル賞のことを思い出してみよう。ノーベル賞が長年権威ある賞として存続し続けているのは、あやふやな研究を排除し、ちゃんとした研究に賞を与えてきたからである。だからこれは、地球温暖化が科学的に確からしいことのひとつの証拠であるといえる。

　世のなかには、いろんな背景を持った人がいて、いろんな考え方がある。自分のお気に入りの自然や守りたい自然もあれば、行ったことも学んだこともないために保護の重要性がピンとこない自然もあるだろう。人も自然も千差万別で、人間の知識には限界があることを思いに留めておくべきだろう。自然保護関係者でよくあるのが、自分が守りたい自然や自分の理論が絶対であると信じ込んでいて、社会がどんな犠牲を払ってもそれを最優先すべきだという主張。このような主張に出会ったときは、やはり批判的思考を働かせよう。

　本気で環境問題を解決しようと決意した人は、いろんな本を読んだり、大学のサークルに入ったり、環境保護団体に所属したりする機会を持つかもしれない。そんなとき、まわりと高確率で極端な議論に出会うことがある。大学のサークルで、先輩が熱く「この場所の自然を守ることは絶対の正義」みたいなことを言ったとき、あなたはしっかりと批判的思考を働かせられるだろうか。そのような人は、自分と意見の合わない人はすべて「自然の敵」「政府の回し者」「金の亡者」のように切り捨てたりする。あなたは毅然《きぜん》とした態度を取れるだろうか。

この本を読んでいる若いみなさん、どうかバランスが取れた人になってください。自然保護は社会を動かしてナンボである。急進的な行動は、かえって社会の反発を生む。自然保護の情熱は胸の奥に秘めて決して消さないようにしながらも、事態を改善するためには、僕らが働きかけるべき相手、たとえば政治家や役所や企業の立場に立って考えることも重要なのだ。

環境問題を解決しようと思って、僕らは逆の効果を生んでしまうこともある。たとえば、車に乗って行う自然保護活動は、二酸化炭素を排出するがゆえにトータルで考えると環境に悪影響を与えている可能性があるのだ。そんな活動をするくらいなら、家で寝てたほうがましなのかもしれない。単なる自己満足ではダメで、僕らは行動のプラスとマイナスを総合して、総合的にプラスになるように動かなければならない。なので、動く前にじっくり考えなければならない。若いみなさん、あせって自然保護活動に参加するよりも、まずはじっくり腰を据えて勉強してから、自分のすべき活動を考えても遅くはない。僕自身、大学に行く前に考えてたこと、やってたことは、たいてい間違いだったと後になって気づいた。環境問題に関しては、「行動するな、その前に学んで考えろ」というアドバイスをおくりたい。自分一人の人生なら、「あれこれ悩む前に行動しろ」というポリシーでやってきて、自分はそれを気に入っているけど、環境保全はあなたひとりの自己満足のためにやるもんじゃない。だから、行動の前に考えることが重要なんだ。だから、しっかりと基礎知識を身に着け、批判的思考ができるようになってから環境保全活動に取り組むことをお勧めしたい。

手続的正義と実体的正義

タイムマシンを持たない人間が、重大な判断を迫られることがある。未来を予測する環境問題でもそうだし、事件の犯人を認定して罰を与えることもそうだ。タイムマシンは存在しないので、警察官や裁判官にとって、誰が事件の真犯人かを完璧に解明することは不可能だ。それでも刑事事件の裁判で、可能性の高い者を認定し罰しなければ、社会の秩序は守れない。そこで、裁判の正当な手続きを決め、その過程を経ていればその処罰は正当なものとみなすという社会の合意（法律）ができた。これを**手続的正義**という。実際に誰が犯人かという真実が**実体的正義**だが、それは神のみぞ知るもの、あるいはタイムマシンが開発されたら分かるものである。神のお告げやタイムマシンの開発を待っていられない僕らが、社会秩序の維持のために使うのが手続的正義である。

科学の世界も同じ。タイムマシンを持たない人間は、温暖化がどのようになるか、未来を完璧に予測することは不可能だ。それでもいま、何か対策しなければ未来は確実にわるくなる。完璧な予測ができない以上、完璧な対策は不可能。それでも、やらないよりはましなのだ。見切り発車的な気持ちわるさは否めないけれど……。

刑事事件の裁判とはちがって、温暖化予測の手続きは、まだ定まっていない。科学者たちは試行錯誤の途中だ。一例として、intercomparison（相互比較）というやり方が普及してきた。これは、独立した複数の研究グループがあるお題に沿って未来予測を行い、その結果を比較するというもの。多くのグループが似たような結果を出すならば、その予測は比較的信頼できるとみなす。当然ながらこれは、完璧な手段ではない。きっと間違っていることも多いだろう。温暖化の議論が始まって数十年、むかし言ってたことは、合ってたことも間違ってたこともある。間違いを直して、より良いやり方にしていかなければならない。これからもそうだろう。二〇五〇年には、いまよりましなコンセンサスの取り方が採用されてることを望む。

完璧じゃなくても、なんかしなくちゃならない。これを忘れてはならない。二〇五〇年の人にどう評価されるか、二〇二一年の僕はよく考える。僕が発想して、研究して、立証できたかに思えた理論、実は間違いだった、なんてことは二〇五〇年にはいろいろ判明しているだろう。僕は、それ自体を恥ずかしいとは思わない。科学とは試行錯誤の繰り返し。砂でできた巨人の肩のうえに立つ。科学者は集団としていろいろ試行錯誤する。僕もその、砂粒のひとつだ。

二〇五〇年、僕が恥じるとしたら、科学の正当な手続きを踏んでないと指摘されること。逆に、科学の正当な手続きを踏んでいたら、科学者は悩むことも心配することもなく、自分の研究を堂々と発表すればよい。ちなみに科学の正当な手続きを踏んでいることとは、現代では査読（peer review）というプロセスで確認されている。ちゃんとした査読が行われているなら手続的正義が得られる。その論文が実体的正義を持っているかどうかは、後世にならないとわからない。

科学者は、しばしば対立する仮説をめぐって熱い議論を行う。ある科学者は地球で最初の生命は「三七億年前」と言い、別の人は「三九億年前」と言う。このふたつの説は両立しえないので、どちらかは間違いだ。科学者は自説を確立するためにいろいろな証拠を調べていき、やがてどちらかが正しいという結論に至る。そんなとき、間違ったほうの説からは、実体的正義が失われる。しかしそれでも、その説を唱えていた科学者が個人攻撃を受けることはない。手続的正義を保っていたからだ。手続的正義を持った複数の学説が議論を重ね、実体的正義に近づいていく。科学とはそうやって発展していくものだ。しかし、自説を補強しようと研究結果を捏造《ねつぞう》したら、それは手続的正義の喪失である。それをやってしまった科学者は、その世界から大きなペナルティを受けるだろう。オリンピックで、フェアプレーの末残念ながら敗れてしまった選手は、ねぎらいの拍手を受けるだろう。ところが、勝利してもドーピングをした選手は大きな非難を受けるだろう。科学者の仕事も似たようなものであり、「勝つために手段を選ばない」というのは間違いで、「正しい手続きで研究する」のが大事なのである。結果はあとからついてくる。

タイムラグ

僕らの甘えが、結果的に取り返しのつかない結果をもたらす。その原因はタイムラグかもしれない。あの人はいつもニコニコしていて何を言っても怒らないね、なんて思うことがある。しかしそれに甘えすぎて、わがままを言いすぎて、結果的にその人の限界を超えるようなストレスを与えてしまっていた。その結果ブチ切れられてしまい、もう関係性はもとに戻らない。人間関係ではよくある話だ。後悔してももう戻らない。僕らは犠牲を払うことで学んでいくのだろう。

同じようなことは、人間と自然の関係性でもよく生じる。自然は大きくて、そこに生息する生物もまたスケールが大きい。大木は個体が大きいし、小さな生物たちも、数が多いのでスケールが大きい。そんな自然を相手にするとき僕らは、少々相手のことを雑に扱っても大丈夫だろう、なんて考えがちである。ところがある日、取り返しのつかないことが分かってから、僕らはことの重大さに気づくのである。むかし、北米大陸に大量に生息していたリョコウバト。大群で飛び回るその姿を見て、彼らが将来絶滅する恐れを感じていた人なんていなかったかもしれない。しかし、過剰なハンティングと生息地の減少によって、彼らはいとも簡単に絶滅してしまった。大丈夫だろうと思って気を抜いていたら、気づいたときには取り返しがつかなくなっている。これがタイムラグの恐ろしさだ。

このような問題を回避するために、僕らは感覚を研ぎ澄ませておきたい。環境問題が大問題になる前にほんのわずかな兆候に気づき、対策すること。環境問題は、誰でもわかるくらいに問題が顕著になったときは、もう止めるのが難しかったりする。これは覚えておきたいことだ。

変わるべきときは変われる

人間の考え方や習慣は、なかなか変わらない。成人病のリスクがあるのをわかってても食べすぎ、飲みすぎなどの不摂生はやめられないように。これはある種のあきらめだった。何が「正しい行動」なのかアタマではわかっていても、僕らのこころはいうことを聞かないものなのだ。環境のためにいいことしよう！　なんて呼び掛けても、たとえそれがどんなに正論であっても、人びとの行動はそう簡単に変わらないよね、と僕は思っていた。

が、コロナウイルスの蔓延《まんえん》がきっかけで、社会の思い込みは、わりと簡単に変わることがわかった。マスクして消毒して、ソーシャルディスタンス取って、外食や旅行を自粛して……。まさかこういうことが起こるなんて、衛生的なはずの先進国の国民には想像がつかなかったのではないだろうか。しかし、事態が深刻であることを理解すると、僕ら市民は考え方と生活を変えて、あまんじて自粛生活を送るようになった。

僕ら日本人は、特に生活変容について優秀だ。国民性である同調圧力が良いほうにはたらいたのだろう。欧米では、生活変容を拒否する人が日本よりは多いみたいだけど、それでも社会全体としては変わることができた。

これ、環境問題については希望だと思う。でかい車に乗ってでかい家に住むのが成功の証、みたいに考える人は多いけれど、環境問題が深刻化して資源の無駄遣いをやめざるを得ない状況になったら、僕らの社会は、それに順応できるのではないかと思う。たとえば、ガソリン車の新車販売が禁止された場合は、文句を言いながらも人びとは電気自動車に乗るようになるだろう。

GDPの比率で考えると、コロナウイルスの蔓延が社会に与えた影響は甚大で、環境問題の影響はより小さくゆるやかである。数十年先を見越して対策するから、なるべく社会にショックを与えないような変化をデザインできると思う。コロナショックを乗り越えられたんだから、これから環境ショックを乗り越えることもできるよ、と僕は思うのである。

しかし、問題が起こるのは数十年先ということになると、人はぐうたらだから対策を先延ばしにしてしまう。これは少々問題だ。結局は、ぎりぎりになって突貫工事をするはめになるかもしれない。それもまた人間の性《さが》っぽいけど……。

ボランティアって

お金を稼いで生きていくことは大事だけど、丸一日ハードに働いて、ようやくごはんにありつくとき、思えば今日、落ち着いて座れたのはこれがはじめてだなと気づく。この五分後には寝る準備に入らなければ明日にさしつかえが出るんだけど、僕はそんなとき、「人生ってこの連続で終わってしまうん?」という思いから逃れられなくなる。人間は確かに、生きるためにごはんを食べ、ごはんのために仕事をするんだけど、それだけで満足できないようにできている気がする。

そういう点で、生きがいみたいなものを感じるのにボランティアは役立つ。お金のための活動ではない。むしろ自分がお金を払って誰かのために活動する。強制されて支払う税金も誰かの役には立っているんだけど、ボランティアは自由意思でそれを行うところが独特である。それゆえに強い満足感を得るのだろう。

被災地のボランティア。地元の人が「助けてくれてありがとう」と言うと、けっこうな頻度で、「いえいえ、助けてもらったのはこちらなんですよ」なんて返事が返ってくることがある。これは謙遜とか気遣いとかを表す表面上のことばではなく、ボランティアする人の本心だったりする。

ボランティアをする人にも、それぞれ日常があり、義務や権利があり、それらに起因する悩みがある。僕らは先進国日本で生きていて、衣食住に不自由なく健康・清潔・快適なくらしをしているはずだけど、それでもみんな、それぞれの悩みがあるんだ。外観上ゆたかにくらしていても、僕らの心のなかは、紛争の影響で難民になった人、震災で家を失った人などと同等の心労をかかえているのかもしれない。

そんな人にとって、純粋に他人に目を向け、他人の幸せを考えるという経験がボランティアだ。緊急事態にこそ、強さややさしさなど、人の美点が表れることもある。それを目にすることはかけがえのないこと。ふだんお金のためにしている仕事からは得られない、こころからの感謝も得られる。誰かから必要とされて、自分は無価値じゃないことに気づく。ボランティアに参加して、参加した側が救われるというメカニズムは確かに存在するのである。

教育とシチズンサイエンス

この本も終わりに近づいてきた。僕は「人間は利己的なものだから、それを分かったうえで『得』するような仕組みをつくらないといけない」と訴えてきた。インセンティブなどの仕組みづくりについてである。それと同時に、人間は「後先《あとさき》を考えられる動物」で「未来の幸せのためにいま苦労できる」ということも書いてきた。地球温暖化などの環境問題の対策を成功させるには、この両方の特徴に訴えなければならないと思う。

単に「自分の得になるから」「お金が儲《もう》かるから」という理由で実施する環境対策は、短期で見ると大いに成果を挙げることが可能だ。エコポイントやエコカー減税などの政策で、日本国民の行動は大きく変わった。しかしそれは、国民ひとりひとりが環境のことを考えて行動を変えたからではない。単に経済的合理性を追求して安くて良いものを買っただけである。エコについてのこだわりは特にないので、政府が補助金を廃止したとき、国民の行動はもとに戻ってしまうのである。長い目でものを考えるとき、たとえば二〇五〇年の未来を思い描くとき、僕らにはこころの深いところから湧き出る「気持ち」が不可欠だと思う。

そういう気持ちって、社会環境や人間関係が作り出すものだと思う。「ごみを捨ててはいけません」、「人をイジメてはいけません」、「人を差別してはいけません」のような人間のモラルは、社会でつくり出すもの。特に教育は重要だ。社会のモラルを誰かから教えてもらうこと、そして、子どものころにモラルを破るという失敗から学び、モラル違反が自分やまわりの人にどのような悪影響を及ぼすか体験すること。こうして僕らは、環境を守る気持ちも高めていけるのである。これはとても大事なことで、たとえ政府からの補助金がなかったとしても、僕らは何が正しいかを理解しているゆえに、環境に良い選択をするのである。

人のモラルというのは変わっていく。僕は四国の農家に生まれたのだが、いま思えば、幼少期の周囲の人びとのごみに関するモラルは、けっこうひどいものだった。特に僕のじいちゃんである。明治生まれの彼にとってごみの適正な処理という概念はあまりなかった。夏の早朝五時くらい、僕はきまって目を覚ました。家の裏の川から聞こえる「どぼーん」という音。じいちゃんが腐ったスイカやウリ、カボチャなどを川に捨てているのである。古い人間にとって、川にごみを捨てるというのは当然であり、なんら良心の呵責《かしやく》を感じていなかったのであろう。近所の人たちも同様で、とにかく何でも川に捨てていた。流れてくるガラス瓶に石を投げて命中させることが当時の僕の日課であった。川にかかる橋にごみがひっかかって流れがせき止められることがある。そんなとき大人たちは、ごみを無理やり棒でつついて下流に流す。下流の橋に引っかかったら、また近所の人がさらに下流に流す。こうしてごみが海に流れ出たのは想像に難くない……。

しかし幸い、僕はいま、川にごみを捨てたりしない。それは、学校や親たちが、「ごみを捨ててはいけない」と教育してくれたからである。彼らは明治生まれのじいちゃんの考えを変えることはできなかったが、幼かった僕に考えを教え込むことができた。時は流れ、じいちゃんもとうに鬼籍に入り、こうして世代は徐々に入れ替わり、ごみを捨てない人の割合が高まってきたのである。

人間のボランティアするこころをしっかりと受け止めるため、僕はシチズンサイエンスを呼びかける活動をしている。日本財団と共同で実施している「RE:CONNECT」という事業では、市民参加型で環境調査を行う枠組みをつくった。科学者の人数にはかぎりがあり、彼らが使える時間やお金にもかぎりがある。そんなとき、地元の市民が環境調査を行ってくれたら、僕ら科学者にとってはたいへん貴重なデータが得られて、環境保全を進められる。それと同時に、環境調査に協力してもらうことで、市民自身が環境に興味を持ち、意識を高めていけるのである。ただ通り過ぎるだけでは気づかない森とかヤブとか海辺とか、気をつけてみるといろんなことが起こっている。環境問題が小さいうちに気づいて対策するためにも、アンテナが敏感な市民に増えてもらうことが重要だ。最近開発したのはシチズンサイエンスのためのスマホアプリである。スマホのカメラに映った物体を人工知能で識別し、その情報を共有するアプリ。これにより、誰でもが気軽に環境調査に参加できるようになることを期待している。

あとがき

若いときはその若さが永遠に続くと思っている。そして実際、けっこう年を取っても気持ちは若いまま、自分はまだまだ若いと思っている。しかし寿命までのカウントダウンで折り返し地点を過ぎたとき、織田信長が死んだ年齢になったとき、ようやく自分も年を取ったなあとふと気づく。そして自分の人生を振り返ったとき、これといって立派なことを達成していない。

何かを選ぶということは、何かを失うということである。僕らの人生は選択の連続であり、過去に訪れた無数の選択肢について思いを馳《は》せることはあるが、それはもう、けっして手の届かないものなのである。僕は家庭の事情により、一時大学進学を断念していた。これといってやりたいこともなくアルバイトと魚釣りをして暮らしていた。これは僕の選択であり、その結果を覆すことはできない。

僕は二六歳にしてようやく大学に入学した。これもまた選択であった。そして一生懸命勉強するという選択、大学院に進学するという選択、研究者として生きる選択を延々と繰り返し、いまに至っている。しかし、勉強をはじめた時期が遅いことは僕の大きなコンプレックスでありハンディキャップである。もしも一〇代や二〇代に真剣に勉強していたら、もっと数学ができただろうなあと後悔しきりであるが、もうそれを取り返すことはできない。自分の選択が招いたいまという現状を受け入れ、だましだまし生きていくしかないのである。

なんでこんなことを書くかというと、僕ら個人としての人生も人間集団としての社会も、どちらも選択の連続であるからだ。読者のみなさん、特に若いみなさんには「後《あと》先《さき》」をしっかり考えて人生の選択をしてほしいと思う。それと同時に、環境問題に対する社会の選択も、将来のことをしっかり考えたものであってほしいと思う。人生も環境問題も、後悔しはじめたら悔やむことばかり。決して一〇〇点満点なんてことはない。それでも続けていくしかないのである。

一〇〇点か〇点か、良いか悪いか。このように物ごとをきっぱりと分別することができると楽なのだが、実際の世の中、特に環境問題が出てくると、一〇〇か〇かという判断にそぐわないものがたいへん多い。僕らが科学的思考で何かを証明する際は、仮説を完璧に証明するのはできないのが普通なのである。むしろ、その仮説が「正しい可能性が高い」とか「まちがいの可能性が高い」みたいな、あやふやな結果しか得られない。たとえば天気予報の降水確率のようなもの。一〇〇か〇かで出せずに、降水確率六〇%は、やっぱり三〇%より降りやすいよね、みたいな、ちょっともどかしい結論になってしまうのである。なので、理系の研究の結果は、降水確率のようなグラデーションになる。僕らは不完全であやふやな情報にもとづいて選択をしなくてはならないから、その結果も決して一〇〇点満点にはならないのだ。

あとがきにまでなんとも暗い話を書いてしまって恐縮だが、僕らは決して、環境問題の解決をあきらめているわけではない。困難にぶち当たるのは、それに本気で挑んでいるからだ。あきらめずに模索を続けることで、少しでも環境問題を改善することができると信じよう。

＊

〈追記〉

この本の執筆が佳境にさしかかった二〇二一年秋、イギリスのグラスゴーで「国連気候変動枠組条約第二六回締約国会議（COP26）」が開催された。地球温暖化に取り組むため各国の担当者が一堂に会して議論し、今後の目標を設定する会議である。今回の重要な争点のひとつは、石炭の使用について。主な化石燃料には石炭・石油・天然ガスがあるが、そのなかでも石炭は、火力あたりの二酸化炭素排出量が特に大きい。だから化石燃料のなかでもまっさきに使用を取りやめるべきものなのだが、世界各国には事情がある。中国のように、石油はあまり産出されないけれど石炭は豊富にとれる国もあるのだ。だから、温暖化対策は国同士の政治的な交渉がとても大事になる。結局今回のCOP26では、石炭火力発電の段階的な「廃止」についての合意は得られずに、協定での文言は段階的な「削減」にとどまることになった。ちなみに日本は、石炭をふくむ火力発電の廃止について後ろ向きな立場を表明している。

参考文献

Tilman, D. Hill, J. and Lehman C. 2006. *Carbon-negative Biofuels from Low-Input High-Diversity Grassland Biomass*. Science 314:1598-1600.

Proud, B. 2017. *Environmental ethics*: a graphic guide. Independently published. pp.179.

鬼頭秀一『自然保護を問いなおす』（ちくま新書　一九九六）二五四ページ

Attfield R. 2014. *Environmental Ethics*: An Overview for the Twenty-First Century. 2nd ed. Polity. pp.278.

Jardins, J. 2000. *Environmental Ethics*: An Introduction to Environmental Philosophy. 3rd ed. Wadsworth. pp.277.

エマ・マリス　『「自然」という幻想：多自然ガーデニングによる新しい自然保護』（岸由二・小宮繁訳　草思社　二〇一八）三八二ページ

Chiras, D. 2014. *Environmental Science*. 10th ed. Jones & Bartlet. pp.702.

イラスト　たむらかずみ
図版作成　朝日メディアインターナショナル株式会社

ちくまプリマー新書393
2050年《ねん》の地球《ちきゅう》を予測《よそく》する――科学《かがく》でわかる環境《かんきょう》の未来《みらい》

二〇二二年一月十日　初版第一刷発行
二〇二四年九月五日　初版第二刷発行

著者　伊勢武史（いせ・たけし）
装幀　クラフト・エヴィング商會
発行者　増田健史
発行所　株式会社筑摩書房
東京都台東区蔵前二‐五‐三　〒一一一‐八七五五
電話番号　〇三‐五六八七‐二六〇一（代表）
印刷・製本　中央精版印刷株式会社

ISBN978-4-480-68418-9 C0240 Printed in Japan